機械学習のための
特徴量エンジニアリング

その原理とPythonによる実践

Alice Zheng 著
Amanda Casari

株式会社ホクソエム 訳

本書で使用するシステム名、製品名は、それぞれ各社の商標、または登録商標です。
なお、本文中では、™、®、©マークは省略しています。

Feature Engineering for Machine Learning
Principles and Techniques for Data Scientists

Alice Zheng and Amanda Casari

Beijing · Boston · Farnham · Sebastopol · Tokyo

© 2019 O'Reilly Japan, Inc. Authorized Japanese translation of the English edition of "Feature Engineering for Machine Learning".
© 2018 Alice Zheng and Amanda Casari. All rights reserved. This translation is published and sold by permission of O'Reilly Media, Inc., the owner of all rights to publish and sell the same.

本書は、株式会社オライリー・ジャパンがO'Reilly Media, Inc. との許諾に基づき翻訳したものです。日本語版についての権利は、株式会社オライリー・ジャパンが保有します。

日本語版の内容について、株式会社オライリー・ジャパンは最大限の努力をもって正確を期していますが、本書の内容に基づく運用結果について責任を負いかねますので、ご了承ください。

日本語版に寄せて

Kohei Ozaki（Twitter：@smly）
Kaggle Grandmaster

　本書は、特徴量エンジニアリング（Feature Engineering）に関する翻訳本です。一般的なエンジニアにとっては、特徴量エンジニアリングという言葉はあまり馴染みのない言葉かもしれません。予測モデルの性能を向上させる特徴量を構築するプロセスを特徴量エンジニアリングと呼んでいます。

　ここで筆者がその黎明期より参加している機械学習コンペティションサイトKaggleの話をしましょう。そこでは日夜データマイニングや機械学習技術に自信のある者たちがより高い順位を勝ち取るため、さまざまなアプローチを試行錯誤しています。私もKaggleに参加して7年になりますが、多くの手法が開発され、広まっていくさまを見てきました。

　そして、この数年のAIブームで、機械学習を学ぶ場としてKaggle等の機械学習コンペティションはますます注目を浴びるようになりました。実際に国内の参加者も増えており、ベテランから初心者までSlack（https://kaggler-ja.herokuapp.com/）等を通じて、活発に意見交換しています。

　Kaggleの歴史を振り返ってみると、以前は学会併設ワークショップ主催のコンテストが多くありました。機械学習ライブラリの開発者や研究者が、自身のライブラリやツール、独自開発したアルゴリズムのベンチマークの場として盛んに利用してきたのです。XGBoostをはじめとした数々のライブラリが、Kaggleのコミュニティと一緒に進化してきたと言っても過言ではないでしょう。GPUの普及および深層学習の有効性が広く知られるようになると、Kaggleで出題されるタスクの種類や用いられる手法は、さらに多様化していきました。

　この長い歴史を通じて、常に関心の高いトピックのひとつが特徴量エンジニアリングです。一般的に機械学習のアルゴリズムがデータセットから規則性を扱えるようにするためには、入力となる特徴量をアルゴリズムに適合したかたちにお膳立てすることが必要となります。時にはドメイン知識を使うことも重要となります。この特徴量の設計部分は、参加者の経験が問われる領域です。Kaggleの各コンペにおいて、多くの参加者が自身の分析を通して得たノウハウを、カーネルの形で公開しています。本書で紹介されている特徴量エンジニアリングの手法も、各カーネルでよく紹介されています。機械学習初学者がKaggleに参加するとしたら、自身が参加したコンペ以外のコンペも含めて、カーネルを読み込むことが上達の早道と言われています。まずは本書を通して、よく使われる手法を理解しておくとカーネルからより多くの情報が得られるでしょう。

特徴量エンジニアリングはコンペに特化したテクニックではありません。可視化や探索的な分析を通してデータの特徴をつかみ、特徴量エンジニアリングを実行し、機械学習の学習アルゴリズムに投入する特徴量を決定する、この流れは機械学習を利用する業務において中心となるプロセスであることは疑問の余地がないでしょう。実務で利用できるスキルという意味では、予測モデルに投入できる形にまでデータを整形する前処理（Preprocessing）、そして、本書で学べる特徴量エンジニアリング、この2つの技術を押さえておくことで汎用的なスキルが身につくといえるのではないでしょうか。本書が機械学習を学ぼうという初学者、そして実務でも経験を積んでいる中級者がレベルアップするための一冊になることを期待します。

訳者まえがき

　2012年頃から、データサイエンティストという職業が世の中の脚光を浴びだしました。高度な数学とエンジニアリング能力を持ち、ビジネスに劇的なインパクトをもたらすと言われた専門家たちのことです。しかし、その業務の8割はデータの前処理に費やされていました。「21世紀で最もクールな職業」と言われた実態とは、手作業による地味な下ごしらえ作業にあったのです。この気の重い処理の効率化を狙い、私たちホクソエムは前処理に特化した書籍を出版しました。弊社監修『前処理大全』は、技術書として異例の大ヒットとなり、現在も好評を博しています。このことから、データの前処理問題の解決に対する強い需要が存在することがわかりました。

　しかし、データを効率よく前処理するだけでは機械学習モデルの性能を引き出すことはできません。モデルの性能を引き出すためには、特徴量エンジニアリング（Feature Engineering）と呼ばれる技術を活用する必要があります。特徴量エンジニアリングを上手に使い、データから適切な特徴量を作成することで、そのあとに続く機械学習や統計モデリングにおいて大きなメリットを享受できるのです。具体的には、「予測性能の高いモデルを構築できる」、「性能を保ったまま記憶容量と計算時間を激減できる」などです。したがって、特徴量エンジニアリングは非常に重要なステップとなります。

　元 Google Brain や Baidu AI のリーダーであり、また Cousera の創業者にしてスタンフォード大学教授（正確には Adjunct Professor）の Andrew Ng は、2013年に公開したレポートの中で次のように述べています[†1]。

　　'Applied machine learning' is basically feature engineering.
　　（「機械学習の実践」とは、つまるところ特徴量エンジニアリングを行うことである）

　また、IT分野の調査／助言を行うコンサルティング企業のガートナーは、別のレポートの中で次のように述べています[†2]。

[†1] http://ai.stanford.edu/~ang/slides/DeepLearning-Mar2013.pptx
[†2] https://www.gartner.com/binaries/content/assets/events/keywords/catalyst/catus8/preparing_and_architecting_for_machine_learning.pdf

organization already has a data science team ⋯ it may need to be enhanced with even more specialized data science skills specific to ML, such as feature engineering and feature extraction.
（多くの企業／組織がデータサイエンスチームを持つようになったが、今後は特徴量エンジニアリングのような、機械学習に特化した専門的なデータサイエンススキルによって、チームを強化する必要があるだろう）

したがって、特徴量エンジニアリング技術は、今後ますます重要性を増していくと考えられます。その重要性にもかかわらず、特徴量エンジニアリングについてまとめた書物は、本書を除いて皆無と言ってよい状況です。なぜなら業務、Kaggle、あるいは趣味などさまざまな状況に応じて相対するデータや、最終的に構築したいモデルに応じて、場当たり的に開発されがちな特徴量エンジニアリング手法を包括的な視点からまとめあげることは非常に難しいからです。一方、確固とした理論がないとはいえ、機械学習プロジェクトの現場においては「ベストプラクティス」な特徴量エンジニアリングが存在することもまた事実です。本書では、多種多様な種類のデータから特徴量をどのように構築するかという問題について、1つずつ丁寧にその「ベストプラクティス」なアプローチを説明していきます。

章によって扱うテーマは異なりますが、本書を読み進めていくうちに、共通の鍵となる原則の存在を感じていただければと思います。データ分析／機械学習の業界においては、日進月歩で新たな手法が開発されています。しかし、その根底に流れる統計的機械学習理論を軸とした原理原則は普遍的であると我々は信じています。本書を通じて、特徴量エンジニアリングの根底に脈々と流れ続ける普遍性を感じていただきたいと思います。

この分野に生きる読者が、進化の途上で死滅してしまったアウストラロピテクスのようにならず、更なる進化を遂げるための「文明の利器」として、本書を活用いただければ幸いです。

読者のさらなる学習のために、私たちがお勧めする参考文献を挙げておきます。

- 『前処理大全』（本橋智光, 技術評論社, 2017）
- 『Pythonではじめる機械学習』（Andreas C. Muller, Sarah Guido, オライリー・ジャパン, 2017）
- 『言語処理のための機械学習入門』（高村大也, コロナ社, 2010）
- 『実践コンピュータビジョン』（Jan Erik Solem, オライリー・ジャパン, 2013）
- 『Python 機械学習プログラミング』（Sebastian Raschka, Vahid Mirjalili, インプレス, 2018）

また、**8章**の画像特徴量の抽出と深層学習では『画像認識』（原田達也, 講談社）と『実践コンピュータビジョン』（Jan Erik Solem, オライリー・ジャパン, 2013）、そして**付録A**の線形モデリングと線形代数では『線形代数とその応用』（ギルバート・ストラング, 産業図書, 1978）が参考に

なるはずです。

　最後になりますが、翻訳／出版にあたっては、株式会社オライリー・ジャパンの髙恵子氏にたいへんお世話になりました。ここに記して謝意を表します。

2019年2月
株式会社ホクソエム一同

はじめに

　機械学習はデータを数理モデルに適合させることでパターンの発見や未知の予測を行う技術です。機械学習に使われるこれらのモデルでは、入力として特徴量を用います。**特徴量**（feature）とは、データの際立った側面を数値で表現したものです。機械学習プロジェクトの一般的な流れでは、まずデータから特徴量を抽出し、その特徴量を使ってモデリングを行います。したがって、特徴量はデータとモデルをつなぐ重要な役割を担います。与えられた課題を機械学習モデルを通じて解決するためには、そのモデルに適した特徴量が必要になります。生データから機械学習モデルに適した特徴量を抽出する作業は**特徴量エンジニアリング**（feature engineering）と呼ばれます。データから適切な特徴量が抽出できれば、モデリングの難しさが緩和され、品質の高い結果を得られるようになります。そのため、特徴量エンジニアリングは機械学習を行う上で重要なステップです。機械学習プロジェクトでは、その作業時間の大部分が、データクリーニングと特徴量エンジニアリングに費やされると言われます。これは実際に機械学習を行なっている人の多くが同意するでしょう。しかし、その重要性にもかかわらず、特徴量エンジニアリングについていまだ十分な議論がなされているとは言えません。その理由はおそらく、優れた特徴量の定義には、データとモデルの両方を考慮しなければならないためです。機械学習プロジェクトで扱われるデータとモデルは非常に多様であるため、どんなプロジェクトでも通用するように特徴量エンジニアリングを一般化することは困難なのです。

　しかし、特徴量エンジニアリングは場当たり的に行って良い作業ではありません。そこには機械学習プロジェクトの現場でベストプラクティスとして用いられる原則が存在します。本書では、データから優れた特徴量をどうやって作るかという問題について、各章で1つずつ説明していきます。例えば、テキストデータや画像データを数値特徴量として表現する方法、データから自動的に大量の特徴量が生成される場合に適切な数に削減する方法、正規化をいつどのように行うかなどについて説明します。それぞれの章は、特徴量エンジニアリング技術の各トピックに対する入門編となっています。各章で扱うテーマはバラバラですが、そこには共通する原則を見つけることができます。したがって、本書は1冊の長編小説ではなく、互いに関連しあう短編小説の集まりと考えると良いでしょう。

　技術を習得するためには、その技術に対する深い理解が必要です。何がどのように行われるかを

正確に知り、本質的な原理を理解し、すでに持っている知識に統合する必要があります。書籍を読むことで新しい技術について知ることはできますが、それだけでは技術を習得したことにはなりません。技術の習得には繰り返しの訓練が必要です。特徴量エンジニアリングの技術は、適用するたびにその技術に対する理解が深まり、理解が深まることで適用できる範囲が広がります。したがって、特徴量エンジニアリングを習得するための第一歩は、それを実際に使ってみることです。本書の目的は、この第一歩を踏み出すことにあります。

本書の読み方

　特徴量エンジニアリングを適用するためには、その技術の本質的な原理を理解する必要があります。しかし、特徴量エンジニアリングのアイデアの多くは数学を基礎としています。多くのプログラマにとって、数学の理解を必要とする技術の習得は困難をともないます。そこで本書では、特徴量エンジニアリングのアイデアを**直感的**に理解することを目指します。そのために、特徴量エンジニアリングを**どうやって**行うかだけでなく、**なぜ**行うかについて詳しく説明します。直感を得ることで、いつどのように特徴量エンジニアリングを適用すればいいかがわかるようになります。そのために**説明**、**図**、**コード**という3つの異なる教材を、それぞれ豊富に用意しました。また、直感を数学的に正しく記述するするために数式も提示しています。これらの数式はさらに詳しい文献への橋渡しとなるでしょう。

　本書で例示するコードはPythonで書かれています。また、さまざまなフリーのオープンソースパッケージを使用しています。NumPy[†1]は、数値ベクトルの演算と行列演算を提供します。Pandas[†2]は、Pythonでデータサイエンスの基礎となるDataFrameを提供しています。scikit-learn[†3]は、モデルと特徴量変換を幅広く含む汎用の機械学習パッケージです。Matplotlib[†4]とSeaborn[†5]は、描画と可視化機能を提供します。なお、本書のために用意した日本語版GitHubリポジトリ (https://github.com/HOXOMInc/feature-engineering-book) では、例示したコードをJupyter Notebookの形で公開しています[†6]。また、正誤表や修正コードを含んでいます。

　本書の1章から4章までは、データサイエンスと機械学習を始めたばかりの人のために、少し丁寧に進めます。1章では、機械学習に登場する基本的な概念（データ、モデル、特徴量など）を紹介します。2章では、数値データに対する基本的な特徴量エンジニアリング（離散化、スケーリング、対数変換など）について説明します。3章では、テキストデータに対する特徴量エンジニアリング

[†1] NumPy。http://www.numpy.org/
[†2] Pandas。http://pandas.pydata.org/
[†3] scikit-learn。http://scikit-learn.org/stable/
[†4] Matplotlib。https://matplotlib.org/
[†5] Seaborn。https://seaborn.pydata.org/
[†6] 原著のGitHubリポジトリは、https://github.com/alicezheng/feature-engineering-book を参照してください。

（Bag-of-Words、nグラム、フレーズ検出など）について説明します。4章では、TF-IDF[†7]を特徴量スケーリングの一種として述べ、それがなぜ機能するかについて説明します。このあたりからペースは上がっていきます。5章では、特徴量ハッシングやビンカウンティングなどのカテゴリ変数の効率的なエンコーディングテクニックについて説明します。6章では、主成分分析（PCA）を説明します。ここまで来る頃には、機械学習が織り成す世界の立派な住人となっているはずです。7章では、k-meansをクラスタリングでなく特徴量を作成するために利用する方法として取り上げます。これはモデルスタッキングという非常に有用な概念の一種です。8章では、画像における特徴量抽出について述べます。画像からの特徴量抽出はテキストデータよりも難易度が上がります。本書では、SIFTとHOGの2つの手動特徴抽出手法を検討し、画像の最新の特徴抽出手法として深層学習の説明を行います。最後に9章では、一通りやってみるために、学術論文のデータセットに対するレコメンドエンジンを作成します。

本書の図について
本書の図は白黒で印刷されていますが、実際にコードを実行するとカラーで表示されます。したがって、本来はカラーで見るのがベストです。Pythonで作成したグラフについては、前述の本書のGitHubリポジトリにカラーの図を保存しているので見てみてください。

　特徴量エンジニアリングは、膨大なトピックを持ち、日々多くの手法が発明されています。特に特徴量の自動学習の分野は活発です。これらを全て含めようとすると本書のサイズが膨れ上がってしまうため、いくつかの部分をカットする必要がありました。本書では、音響データに対するフーリエ解析について触れていません。これは線形代数の固有値解析（4章と6章で触れます）と密接に関連する美しいトピックです。また、フーリエ解析に密接に関連するランダム特徴量についても省略しています。画像データに対するディープラーニングを通して、特徴学習の初歩を説明していますが、活発に開発されているさまざまなディープラーニングモデルについては深く説明していません。特徴学習の最先端に興味がある場合、おそらく本書の対象読者ではないでしょう。Random Projectionのような研究的に興味深いトピック、word2vecやBrownクラスタリングなどの複雑なテキスト特徴量化モデル、LDA[†8]やMatrix Factorizationのような潜在空間モデルについても本書に含めませんでした。

　本書では、モデルやベクトルなどの基本的な機械学習の概念についての知識を前提としています。ただし、最低限の説明は提供しているので、認識の齟齬が生じることはないでしょう。線形代数、確率分布、最適化についての知識は役に立ちますが必須ではありません。

[†7] TF-IDF：Term Frequency-Inverse Document Frequency
[†8] LDA：Latent Dirichlet Allocation

本書の表記

本書では、以下の表記を使用しています。

太字（**Bold**）
: 新しい用語、強調したいテーマ、図や表、他の章への参照を示します。

等幅（`Constant width`）
: 変数や関数の名前、データ型、環境変数、文、キーワードなどのプログラム要素とプログラムリストに使用します。

等幅の太字（`Constant width bold`）
: ユーザーがその通りに入力する必要のあるコマンドやテキストを示します。

本書には多くの線形代数の方程式が含まれます。その表記に関して、以下の規則を使用します。

- スカラは小文字の斜体（例：a）
- ベクトルは小文字の太字（例：$\mathbf{v}$）
- 行列は大文字の太字斜体（例：$\boldsymbol{U}$）

このアイコンとともに記載されている内容は、ヒントまたは提案を表します。

このアイコンとともに記載されている内容は、一般的な注意事項を表します。

このアイコンとともに記載されている内容は、警告または注意を表します。

サンプルコードの使用

補足資料（サンプルコードなど）は、日本語版GitHubリポジトリ（https://github.com/HOXOM Inc/feature-engineering-book）からダウンロードできます。

本書の目的は読者の仕事を助けることです。一般に、本書に掲載しているコードは、読者のプログラムやドキュメントに使用してかまいません。コードの大部分を転載する場合を除き、許可を求める必要はありません。例えば、本書のコードの一部を使用するプログラムを作成するために、許可を求める必要はありません。なお、オライリー・ジャパンから出版されている書籍のサンプルコードをCD-ROMとして販売したり配布したりする場合には、そのための許可が必要になります。本書や本書のサンプルコードを引用して質問などに答える場合には、許可を求める必要はありません。ただし、本書のサンプルコードのかなりの部分を製品マニュアルに転載するような場合には、そのための許可が必要になります。

出典を明記する必要はありませんが、そうしてもらえると感謝します。出典には、"Feature Engineering for Machine Learning, Alice Zheng & Amanda Casari, O'Reilly 978-1-491-95324-2."（日本語版『機械学習のための特徴量エンジニアリング』Alice Zheng、Amanda Casari著、オライリー・ジャパン、ISBN978-4-87311-868-0）のように、タイトル、著者、出版社などを記載してください。

サンプルコードの使用について、公正な使用の範囲を超えると思われる場合、または上記で許可している範囲を超えると感じる場合には、japan@oreilly.co.jpまでご連絡ください。

お問い合わせ

本書に関する意見、質問等は、オライリー・ジャパンまでお寄せください。連絡先は次の通りです。

　　株式会社オライリー・ジャパン
　　電子メール japan@oreilly.co.jp

オライリーがこの本を紹介するWebページには、正誤表やコード例などの追加情報が掲載されています。次のURLを参照してください。

　　https://shop.oreilly.com/product/0636920049081.do（原書）
　　https://www.oreilly.co.jp/books/9784873118680（和書）

この本に関する技術的な質問や意見は、次の宛先に電子メール（英文）を送付してください。

bookquestions@oreilly.com

オライリーに関するその他の情報については、次のオライリーのWebサイトを参照してください。

https://www.oreilly.co.jp
https://www.oreilly.com/（英語）

謝辞

まずはじめに、書籍出版という（私たちには未知であり初めての！）長いマラソンを通して、私たち著者2人を導いてくれた編集者のShannon CuttとJeff Bleielに感謝したいと思います。あなたたち2人の助けがなければ、決してこの本が陽の目を見ることはなかったでしょう。オライリーで本書を企画してくださったBen Loricaさんにも感謝をお伝えします。あなたの励ましと支援のおかげで、はじめは馬鹿げたアイデアのように見えた本書の企画が実際の書籍となりました。また、オライリーのプロダクションチームとKristen Brownに感謝します。本書をより良くするために細部へのこだわりを持ち、よく遅くなる私たちからの連絡を辛抱強く待って下さいました。

子供を育てるためには両親だけではなく社会やコミュニティが必要なように、データサイエンスに関する書籍を出版するためにはデータサイエンティストのコミュニティが必要です。そのコミュニティから頂戴した、ハッシュタグの提案、本書の改善余地についてのアイデア、そして本文中の不明瞭箇所の指摘に非常に感謝しています。Andreas Muller、Sethu Raman、そしてAntoine Atallahは、多忙の中にありながらその貴重な時間を割いて本書の技術的なレビューを行ってくれました。Antoineはとても迅速にレビューしてくれた点に加えて、さらに数値実験に使用するために彼の高性能計算機を貸してくれました。Ted Dunningの統計学に関する博識さと、機械学習の応用への精通ぶりは伝説になるほどのものです。彼はまた、自分の時間とアイデアを惜しみなく提供してくださり、私たちがk-meansの章で説明した方法と例を教えてくれました。Owen Zhangはこの資料（https://www.slideshare.net/OwenZhang2/tips-for-data-science-competitions）の中で、応答率特徴量に関するKaggleでの彼の貴重な知恵を明らかにしてくれました。この知見は、Masha Bilenkoによって書かれたビンカウンティングに関するBLOGポスト（https://blogs.technet.microsoft.com/machinelearning/2015/02/17/big-learning-made-easy-with-counts/）によくまとめられています。また追加でフィードバックをくれたAlex Ott、Francisco Martin、David Garrisonにも感謝します。

Aliceより

　Turi（昔はDatoという会社で、そのさらに前はGraphLabという会社でした）のプロジェクトの初期段階での寛大なサポートに感謝したいと思います。本書の元になるアイデアは、ユーザーとの交流から生まれました。データサイエンティストのためのまったく新しい機械学習プラットフォームを構築する過程において、みなさんがもっと特徴量エンジニアリングをより体系的に理解する必要があることに気が付いたのです。私がスタートアップの忙殺されるような生活から抜け出して、本書の執筆に集中することを許可してくれたCarlos Guestrinに感謝します。

　最初は本書の技術的なレビュワーとして、また、後にはこの本を出版するために共著者となってくれたAmandaに感謝します。あなたのおかげで本書は完成したようなものです！　この本の初稿を見ながら、もし紅茶やコーヒー、サンドイッチやテイクアウトした食べ物と一緒に編集だけをしつづけていればよいのなら、ちょっと物足りなくて、次のワクワクするようなプロジェクトが欲しくなってしまいますね。

　このプロジェクトの全ての場面において温かく揺るぎないサポートをくれた、私の友人であり癒し係りであるDaisy Thompsonに感謝します。あなたの助けがなければ、このプロジェクトに着手するまでにずっと時間がかかったり、執筆という長距離マラソンに慣ってしまったことでしょう。あなたは他の仕事と同様に、このプロジェクトに対しても希望と安らぎをもたらしてくれました。

Amandaより

　ここで、この書籍プロジェクトに関わった人達に感謝の意を表したいと思います。

　私を技術的なレビュワー、そして更には共著者として選んでくれたAliceに感謝します。もっと面白い数学の冗談を書く方法や、複雑な概念を簡単に説明する方法など、私はあなたから多くのことを学び続けています。

　最後に、私に執筆させ続けるというまったく損な役回りを担当し、目標を達成するために私を励まし、そして、決して執筆を投げ出すことを許さなかった、私の夫Matthewに感謝します。あなたは共に長い時間を過ごしてきた最高のパートナーです。最後に最愛の家族へ。皆が誇りに思えるような人間に私がなれるよう、私に自信を吹き込んでくれました。

目　次

日本語版に寄せて ·· v
訳者まえがき ·· vii
はじめに ·· xi

1章　機械学習パイプライン ··· 1
　1.1　データ ··· 1
　1.2　タスク ··· 1
　1.3　モデル ··· 3
　1.4　特徴量 ··· 3
　1.5　モデル評価 ·· 4

2章　数値データの取り扱い ··· 5
　2.1　スカラ／ベクトル／ベクトル空間 ··· 7
　2.2　カウントデータの取り扱い ·· 9
　　2.2.1　二値化 ··· 9
　　2.2.2　離散化 ··· 11
　2.3　対数変換 ··· 16
　　2.3.1　対数変換の実行 ··· 19
　　2.3.2　べき変換：対数変換の一般化 ·· 24
　2.4　スケーリングと正規化 ··· 29
　　2.4.1　Min-Maxスケーリング ·· 30
　　2.4.2　標準化（分散スケーリング） ·· 31
　　2.4.3　ℓ^2正規化 ·· 32
　2.5　交互作用特徴量 ·· 35
　2.6　特徴選択 ··· 37

目次

- 2.7 まとめ ………………………………………………………………… 38
- 2.8 参考文献 ……………………………………………………………… 39

3章　テキストデータの取り扱い　41

- 3.1 Bag-of-X：テキストを数値ベクトルで表現する ………………… 42
  - 3.1.1 Bag-of-Words …………………………………………………… 42
  - 3.1.2 Bag-of-n-Grams ………………………………………………… 46
- 3.2 特徴選択のための単語除去 ………………………………………… 48
  - 3.2.1 ストップワードによる単語除去 ……………………………… 48
  - 3.2.2 頻度に基づく単語除去 ………………………………………… 49
  - 3.2.3 ステミング（語幹処理）……………………………………… 52
- 3.3 言葉の最小単位：単語からnグラム、そしてフレーズへ ……… 53
  - 3.3.1 パース処理とトークン化 ……………………………………… 53
  - 3.3.2 フレーズ検出のためのコロケーション抽出 ………………… 54
- 3.4 まとめ ………………………………………………………………… 61
- 3.5 参考文献 ……………………………………………………………… 61

4章　特徴量スケーリングによる効果：Bag-of-WordsのTF-IDFによる重み付け　63

- 4.1 TF-IDF：Bag-of-Wordsに対するシンプルな変換方法 …………… 63
- 4.2 TF-IDFを試す ………………………………………………………… 65
  - 4.2.1 クラス分類用のデータセット作成 …………………………… 66
  - 4.2.2 TF-IDF変換を用いたBag-of-Wordsのスケーリング ………… 67
  - 4.2.3 ロジスティック回帰によるクラス分類 ……………………… 68
  - 4.2.4 正則化によるロジスティック回帰のチューニング ………… 70
- 4.3 深堀り：何が起こっているのか？ ………………………………… 74
- 4.4 まとめ ………………………………………………………………… 77
- 4.5 参考文献 ……………………………………………………………… 77

5章　カテゴリ変数の取り扱い　79

- 5.1 カテゴリ変数のエンコーディング ………………………………… 80
  - 5.1.1 One-Hotエンコーディング …………………………………… 80
  - 5.1.2 ダミーコーディング …………………………………………… 81
  - 5.1.3 Effectコーディング …………………………………………… 83
  - 5.1.4 カテゴリ変数のエンコーディング方法の長所と短所 ……… 84
- 5.2 膨大なカテゴリ数を持つカテゴリ変数の取り扱い ……………… 85

		5.2.1 特徴量ハッシング	86
		5.2.2 ビンカウンティング	89
5.3	まとめ		96
5.4	参考文献		97

6章　次元削減：膨大なデータをPCAで圧縮　　99

6.1	直感的な解釈	99
6.2	導出	101
	6.2.1 線形射影	102
	6.2.2 分散と経験分散	103
	6.2.3 PCA：はじめの一歩の定式化	104
	6.2.4 PCA：行列とベクトルによる定式化	104
	6.2.5 主成分分析の一般的な解法	105
	6.2.6 特徴量の変換	105
	6.2.7 PCAの実装	106
6.3	PCAの実行	106
6.4	白色化とZCA	108
6.5	PCAの考察と限界	109
6.6	ユースケース	111
6.7	まとめ	113
6.8	参考文献	113

7章　非線形特徴量の生成：k-meansを使ったスタッキング　　115

7.1	k-means	117
7.2	パッチで覆うためのクラスタリング	119
7.3	k-meansによるクラス分類用の特徴量生成	122
	7.3.1 密なクラスタ特徴量	128
7.4	メリット／デメリット／注意事項	128
7.5	まとめ	131
7.6	参考文献	131

8章　特徴量作成の自動化：画像特徴量の抽出と深層学習　　133

8.1	最も単純な画像特徴量——そしてこの特徴量が機能しない理由	134
8.2	手動の特徴抽出法：SIFTおよびHOG	135
	8.2.1 画像勾配	135
	8.2.2 勾配方向ヒストグラム	139

		8.2.3	SIFT ……………………………………………………………	142
	8.3	深層学習を用いた画像特徴量の学習 ………………………………………		143
		8.3.1	全結合層 ………………………………………………………	144
		8.3.2	畳み込み層 ……………………………………………………	145
		8.3.3	Rectified Linear Unit（ReLU）変換 …………………………	150
		8.3.4	応答正規化層 …………………………………………………	151
		8.3.5	プーリング層 …………………………………………………	153
		8.3.6	AlexNetの構造 ………………………………………………	154
	8.4	まとめ …………………………………………………………………………		157
	8.5	参考文献 ………………………………………………………………………		158

9章　バック・トゥ・ザ・「フィーチャー」： 学術論文レコメンドアルゴリズムの構築 …………………… **159**

	9.1	アイテムベースの協調フィルタリング …………………………………	159
	9.2	解析第1回：データインポート／クリーニング／特徴量の解析 ………	161
		9.2.1　学術論文レコメンドエンジン：テイク1──単純なアプローチ …	161
	9.3	解析第2回：より技術的に洗練されたスマートなモデル ………………	167
		9.3.1　学術論文レコメンドエンジン：テイク2 ……………………………	167
	9.4	解析第3回：より多くの特徴量がさらなる情報をもたらす ……………	173
		9.4.1　学術論文レコメンドエンジン：テイク3 ……………………………	174
	9.5	まとめ …………………………………………………………………………	176
	9.6	参考文献 ………………………………………………………………………	177

付録A　線形モデリングと線形代数の基礎 ……………………………… **179**

	A.1	線形分類の概要 ………………………………………………………………	179
	A.2	行列の解剖学 …………………………………………………………………	182
		A.2.1　ベクトルから部分空間へ ……………………………………………	182
		A.2.2　特異値分解（SVD） …………………………………………………	185
		A.2.3　データ行列の4つの基本的な部分空間 ……………………………	187
		A.2.4　線形システムの解法 …………………………………………………	189
	A.3	参考文献 ………………………………………………………………………	192

索　引 …………………………………………………………………………… 193

1章
機械学習パイプライン

特徴量エンジニアリングの世界へと飛び込む前に、機械学習パイプラインの全体を見てみましょう。これは機械学習を利用する際の全体像を俯瞰する手助けになります。まずは、**データ**や**モデル**といった機械学習における基本的な概念について学んでおきましょう。

1.1　データ

通常、我々が**データ**と呼んでいるものは、現実の世界で起こった現象を観測／保存したものを意味します。例えば、株式市場のデータといえば、日々の株価や会社の業績報告に加えて、金融市場の専門家が発行する市場見通しなどのレポートも含まれるでしょう。また、個人の生体データの場合は、毎分の心拍数や血糖値、血圧などの測定値が該当するでしょう。さらに、顧客データの場合は、「アリスが日曜日に本を2冊買った」、「ボブがウェブサイトのあるページを閲覧した」、「チャーリーが先週送信された特別セールのリンクをクリックした」などの行動ログが含まれるでしょう。このように、さまざまな領域で無限といっても過言ではないくらいたくさんの例を挙げることができます。

個々のデータは、ある現象の限られた一面を見ることのできるツールにすぎませんが、データを組み合わせると、その現象の全体像を見渡すことができます。しかし、描かれる全体像は何千というたくさんの小さなデータから形成されており、データ自体には測定時のノイズや欠損も付き物なので、一見データの意味するところがわからない場合もあるでしょう。

1.2　タスク

そもそも私たちはなぜデータを集めるのでしょうか？　それは、データを集めることによって答えることのできる質問があるからです。例えば、「どの株に投資すべきか？」、「どうすれば健康的なライフスタイルを送ることができるのか？」、「顧客のニーズに答え続けていくために、どうすれば顧客の好みの変化を察知できるのか？」のような質問が該当するでしょう。

データからスタートし導き出される結果というゴールへの道は、間違った仮説や施策によって行

き詰まりになるようなたくさんの罠で満ちています（**図1-1参照**）。結果が約束された有望なアプローチに見えるやり方がうまくいかない一方、単なる勘から出たアイデアが実は最高の答えだったという場合もあり得ます。データが絡んでくるワークフローは、いくえにもETL[†1]やデータ分析を繰り返すプロセスから構成されます。例えば株価は、まず取引所で実際に値付けされることで株価データとなります。そして、そのデータがトムソン・ロイターのような仲介業者によって集約されたうえでデータベースに保存され、彼らが販売する商品となります。このデータベースに保存された株価データという商品が他の企業によって購入されると、これらのデータは購入企業のHadoopクラスタなどに保存されます[†2]。そして、このHadoop上のデータは購入企業の各店舗からスクリプトによって引き出され、前処理を施したうえで、R、Python、Scalaなどにあるお気に入りのモデリング用のライブラリで使用できる形式に変換されます。作り上げたモデルの予測結果はCSVファイルに書き出され、その性能が評価されます。また、モデリング自体を何度も繰り返すこともあります。作り上げたモデルの計算性能を向上させるためには、製品レベルのコードを書けるチームの手によって、モデルをC++またはJavaで書き直し、全てのデータに対する学習／予測を実行させ、最終予測結果をまた別のデータベースへ出力することもあります。

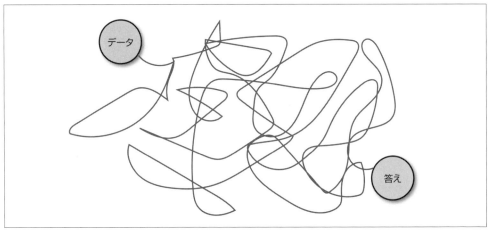

図1-1　データと答えを結ぶ経路が織り成す迷いの森

　ここまで説明してきたワークフローについて、どのようなツールやシステムを使うかという面倒な話を除くと、このプロセスには、機械学習になくてはならない2つの要素、**モデル**と**特徴量**が存在していることがわかります。

[†1] 訳注：ETLはExtract/Transform/Loadの略語。データの抽出／加工、そして最終的なデータベースへの保存を意味します。
[†2] 訳注：通常、購入した株価データの自己サーバでの保存は契約で禁止されている場合が多いです。

1.3 モデル

データを通して世界を理解しようとすることは、「どう組み合わせれば良いのかもよくわからない余分なピースがたくさんあるジグソーパズル」を使って現実世界を再構築するようなものです。これが数理モデリング、特に統計モデリングの考え方なのです。統計学の言葉には、**間違った**（wrong）、**冗長な**（redundant）、**欠損**（missing）などと言った、データを特徴づけるためによく使われる概念や単語が含まれています。誤データ（wrong data）は測定時の失敗による結果を表したデータです。冗長データ（redundant data）は、全く同じ情報を意味する要素が複数含まれているデータです。例えば、曜日の情報が「月曜日」、「火曜日」……「日曜日」といったカテゴリカル変数としてすでにデータ内に存在しているにも関わらず、それとは別に曜日を意味する0~6の整数値がデータ内に存在するデータを指します。さらに、ここでもし一部のデータ点において曜日の情報が存在しなければ、それは欠損データ（missing data）の例になります。

数理モデル（mathematical model）とは、あるデータの集まりに対してデータ同士の関係性を仮定し、その関係性を数式として定式化したものです。例えば、株価を予測するモデルの場合は、会社の業種および過去の業績や株価などから将来の株価を予測する数式になるでしょう。また、音楽を推薦するモデルの場合は、ユーザーの視聴履歴に基づいてユーザー間の類似度（似ている度合い）を測り、「似たような曲をよく聞いており、好みが似ていると考えられるユーザー同士はアーティストに対する嗜好も同じだ」と仮定し、類似度の高いユーザーに対して彼らがよく聞くアーティストを推薦するでしょう。

数式（mathematical formulas）は数値として表現されている量を互いに関連付けることができます。しかし、生データが数値ではないケースも多々あります。「アリスが水曜日に『指輪物語』の3部作を買った」という行動は数値ではなく、また、その書籍について彼女が書いたレビューも数値ではないのです。したがって、この生データと数式をつなぐものが必要となってきます。そこで、特徴量という概念が出てくるのです。

1.4 特徴量

特徴量（feature）は生データを数値として表現したものです。生データを数値へと変換する方法はたくさんあるので、特徴量を作るために手間暇がかかることもあります。当然、特徴量はその生成元のデータの型に基づいて生成されなければなりません。また、あまり明示されてはいませんが、特徴量がモデル自体と結び付いているということも忘れてはなりません。あるモデルがある種の特徴量により適したモデルということもありますし、また、逆にあまり適していないという場合もあり得るのです。良い特徴量とは、今解いているタスクと密接に関係しており、また、簡単にモデルに取り込めるものを指します。**特徴量エンジニアリング**（feature engineering）とは、与えられたデータ、モデル、タスクに最も適した特徴量を作り上げるプロセスなのです。

特徴量の数自体もまた重要です。もし十分な数の有用な特徴量がなければ、モデルは解きたい問

題を解くことができないかもしれません。逆に、もし特徴量が多すぎたり、解きたい問題とはあまり関係のない特徴量ばかりが存在している場合には、モデルが複雑になってしまい学習が困難になるでしょう。また、モデルの性能を決める学習過程（training process）で何か間違いが起こるかもしれません。

1.5　モデル評価

　特徴量とモデルは、生データと最終的な結果の間に位置します（**図1-2参照**）。機械学習のワークフローにおいては、「どのモデルを使うか？」というモデルの選択のみならず特徴量の取捨選択も重要です。この選択の過程を通じ、モデルと特徴量は相互に影響しあいます。なので、良い特徴量を使うことができれば続くモデリングの作業がより簡単になり、結果として得られるモデルの性能も良いものになります。逆に、悪い特徴量を使ってしまった場合、良い特徴量を使う場合に比べて同程度の性能を発揮するにはずっと複雑なモデルが必要になるかもしれません。この本の残りの章においては、まずさまざまな種類の特徴量について紹介し、そしてさまざまな種類のデータやモデルに対してそれらの特徴量を使用した場合の長所と短所を説明します。

　さて、これ以上の難しい話はなしにしてさっそく始めましょう！

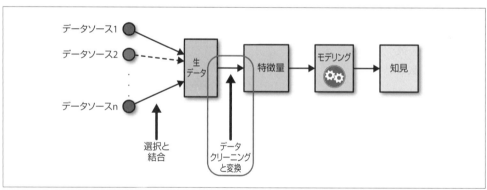

図1-2　機械学習ワークフローにおける特徴量エンジニアリングの立ち位置

2章
数値データの取り扱い

　テキストや画像のような複雑なデータに取り組む前に、最も扱いやすい数値データから始めましょう。機械学習プロジェクトにおいて、生データとして数値が得られる状況はいくつも考えられます。例えば、人や場所の位置情報、商品の価格、センサーの測定値、交通量などです。数値データはそのままでも機械学習モデルに入力として渡すことができますが、特徴量エンジニアリングが不要というわけではありません。良い特徴量は、データの重要な側面を表現するだけでなく、機械学習モデルが数理的に仮定する条件を満たしている必要があります。そのため、数値データにもなんらかの変換が必要になる場合があります。特徴量エンジニアリングの中で数値データの変換は最も基本的なテクニックです。このテクニックはテキストや画像などの数値でない生データから抽出された値を特徴量として使うときにも有効です。

　数値データを扱う際にまず確認すべきことは、その値に意味があるかどうかです。解くべき課題によっては、数値がプラスかマイナスかだけが重要な場合があります。また、もっと粗い粒度で、だいたいの大きさがわかれば十分ということもあります。このような場合、二値化や離散化によって数値データを変換します。これは、ウェブサイトの1日の訪問回数やレストランのレビュー件数など、自動的にカウントされて増えるタイプの数値データで特に重要です（「2.2 カウントデータの取り扱い」参照）。

　次に、数値データが取る値の範囲について考える必要があります。扱う数値データの最小値と最大値はいくつでしょうか。また、数値は10、100、1000など複数の桁にわたるでしょうか。このような、数値データの取る範囲とその規模のことを**スケール**（scale）と呼びます。モデルが特徴量の滑らかな関数として表現される場合、その出力は特徴量のスケールに影響を受けます。例えば、$f(x) = 3x + 1$は入力xの単純な線形関数であり、その出力のスケールは入力のスケールによって決まります。その他にも結果が入力特徴量のスケールに影響を受ける手法として、k-meansクラスタリング、kNN[1]、RBFカーネル[2]などがあります。また、ユークリッド距離を使用するすべてのモデルにおいて、出力のスケールは入力のスケールに影響を受けます。このような手法やモデル

---

[1] kNN：k-nearest neighbors method（k近傍法）
[2] RBFカーネル：radial basis function kernel

を使用する場合、出力が期待される範囲におさまるように、特徴量を**正規化**（normalize）するというテクニックが重要になります（「2.4 スケーリングと正規化」参照）。

一方、論理関数は入力のスケールに影響を受けません。論理関数の出力はその入力が何であれ、0または1だからです。例えば、AND関数は入力として2つの二値変数を取る論理関数であり、その出力は両方の入力が真の場合にのみ1を返します。重要な論理関数の一つにステップ関数（step function）があります。ステップ関数とは、入力がある値より大きければ1を返し、そうでなければ0を返す関数のことです。例えば、入力が5より大きいときは1を返し、5以下のときは0を返す関数はステップ関数です。

機械学習モデルの1つである決定木は、特徴量を入力とする複数のステップ関数の組み合わせによって構成されます。したがって、決定木に基づくモデル（決定木、勾配ブースティング木、ランダムフォレストなど）は入力のスケールに影響を受けません。ただし、入力のスケールが時間とともに増大するような場合には注意が必要です。例えば、累積されていくカウントデータを特徴量として使うと、時間が経つにつれてモデルを学習した時のデータの範囲から外れてしまいます。この場合、定期的に入力データをスケーリングする必要があるかもしれません。また、別の解決策として、**5章**で説明するビンカウンティングがあります。

数値データの分布について考えることも重要です。分布はデータがどのような値を取るかを要約してくれます。モデルによっては入力特徴量の分布が問題を起こす場合があります。例えば、線形回帰モデルは誤差が正規分布（http://mathworld.wolfram.com/NormalDistribution.html）に従うことを仮定します。

この仮定が問題になる場合があります。予測したいターゲット変数の取る値が10、100、1000など複数の桁にわたって分布するような場合には、誤差が正規分布に従うという仮定は成り立たない可能性が高くなります。これに対処する1つの方法は、ターゲット変数を変換して桁数を調整することです。対数変換は、このようなデータの分布を正規分布に近づけることができます。また、対数変換を一般化した**べき変換**（power transform）も使われます（「2.3 対数変換」参照）。

複数の特徴量を組み合わせて複合的な特徴量（complex feature）を作ることもできます。複合的な特徴量を作る目的は、生データの重要な情報を簡潔に表現することです。表現力の豊かな特徴量を使うことで、モデルがシンプルになり、学習と評価が容易になり、精度の良い予測が可能になります。極端な場合、複合的な特徴量として統計モデルの出力値を使うこともあります。これはモデルのスタッキング（stacking）として知られるテクニックで、**7章**と**8章**で詳しく説明します。この章では、複合的な特徴量の最も簡単な例として**交互作用特徴量**（interaction feature）を紹介します（「2.5 交互作用特徴量」参照）。

交互作用特徴量をモデルに組み込むのは簡単ですが、特徴量の数が増えるためモデルの計算コストが増大します。計算コストを抑えるために、多数の特徴量の中から有用でないものを取り除く手法として特徴選択（feature selection）が利用されます（「2.6 特徴選択」参照）。

それでは、まずは基本的な数学の用語から始めて、数値データの取り扱いを学んでいきましょう。

2.1 スカラ／ベクトル／ベクトル空間

まずは基本的な数学の用語について簡単に説明します。**スカラ**（scalar）とは、単一の数値のことです。スカラを並べた配列のことを**ベクトル**（vector）と言います。ベクトルは**ベクトル空間**（vector space）の中に配置されます。多くの機械学習モデルは入力として数値ベクトルを受け取ります。つまり、特徴量エンジニアリングとは、生データを数値ベクトルに変換し、ベクトル空間に配置することに他なりません。

ベクトルはベクトル空間の1点として表わされます（原点からの矢印で表される場合もあります）。例えば、2次元ベクトル $\mathbf{v} = [1, -1]$ について考えましょう。このベクトルは2つのスカラを並べたものです。これは、1つ目の次元 d_1 に対しては1の値を持ち、2つ目の次元 d_2 に対しては -1 を持つという意味になります。この $\mathbf{v}$ を2次元のベクトル空間にプロットすると、**図2-1**のようになります。

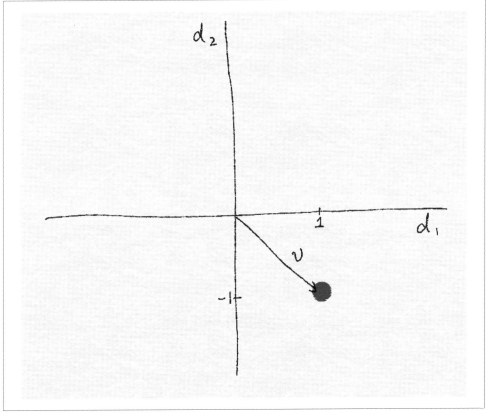

図2-1　2次元ベクトルの例

抽象的なベクトル空間とは異なり、データの世界ではベクトルの次元は意味を持ちます。例えば、「歌の好み」を表すベクトル空間を考えてみましょう。アリスは、ボブ・ディランの「風に吹かれて」とレディー・ガガの「ポーカー・フェイス」が好きだとします。それぞれの曲に対して、その曲が好きならば1、嫌いならば−1を取る特徴量を考えます。このとき、アリスの歌の好みはベクトル $\mathbf{v}_a = [1, 1]$ で表されます。一方、ボブは「風に吹かれて」は好きですが、「ポーカー・フェイス」は嫌いだとします。すると、ボブの歌の好みはベクトル $\mathbf{v}_b = [1, -1]$ で表されることになります。このようにデータ点を特徴量で表したベクトルを**特徴ベクトル**（feature vector）と呼び、特徴ベクトルが配置されるベクトル空間を**特徴空間**（feature space）と呼びます。

「歌の好み」を表すベクトル空間として、特徴空間とは別のものを考えることができます。いま、リスナーとしてアリスとボブの2人しかいないと仮定しましょう。アリスは「ポーカー・フェイス」と「風に吹かれて」の他に、レナード・コーエンの「ハレルヤ」が好きで、ケイティ・ペリーの「ロアー」とレディオヘッドの「クリープ」が嫌いとします。ボブは「風に吹かれて」、「ハレルヤ」、「ロアー」が好きで、「ポーカー・フェイス」と「クリープ」が嫌いとします。ここで、ベクトルの第1次元を「アリスに好かれているか」、第2次元を「ボブに好かれているか」とすると、それぞれの曲をベクトルとするベクトル空間が構築できます。これを**データ空間**（data space）と呼びます。**図2-2**に示すように、特徴空間の点はデータ点（リスナー）であり、データ空間の点は特徴量（曲）です。図示しやすいように、ここでは2次元のベクトル空間だけを考えましたが、通常はより高次元のものを扱います。特徴空間は曲を増やすことで、データ空間はリスナーを増やすことで、次元が増えることがわかります。

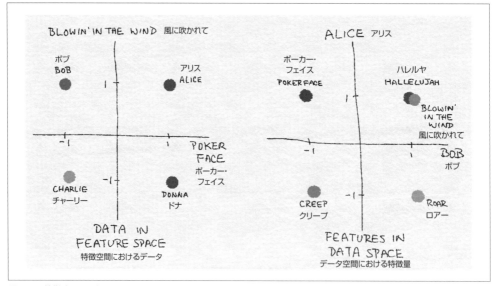

図2-2　特徴空間とデータ空間

2.2　カウントデータの取り扱い

　ビッグデータの時代において、大量に生成されるログデータの蓄積が容易に行われるようになりました。このようなデータから得られるカウント値は極端に大きな値を含む可能性があります。例えば、音楽アプリでは、お気に入りの曲をリピート再生で繰り返し聴くユーザーがいます。チケットを販売するサイトでは、スクリプトを利用して人気のチケットが入手可能になったかどうかを繰り返しチェックするユーザーがいます。このような場合、曲の再生回数やサイトのページビュー数は急激に上昇し、データの中に極端に大きな値が含まれることになります。カウントデータを特徴量として扱う場合、データのスケールをチェックして、数値をそのまま使うのか、有無を示す二値データに変換するのか、離散化して粒度を粗くするのが良いのかをよく検討する必要があります。
　これらの手法について例を使って説明していきます。

2.2.1　二値化

　まずは、カウントデータの二値化について説明するために、The Echo Nest Taste Profileデータセット（http://labrosa.ee.columbia.edu/millionsong/tasteprofile）を使います。このデータセットは、Million Song Dataset[†3]の公式なサブセットで、The Echo Nestのユーザー100万人の曲の再生履歴が含まれます。

The Echo Nest Taste Profileデータセットの統計情報

- ユニークユーザー数1,019,318人、ユニーク曲数384,546曲。
- ユーザーID、曲ID、再生回数の3つ組を4,800万件以上含む。

　ユーザーに曲を推薦するためのレコメンドエンジンを作るタスクを考えます。そのために、ユーザーが特定の曲をどれくらい楽しめるかを予測したいとします。このとき、ターゲット変数として曲の再生回数を使って良いでしょうか？　確かに、再生回数が多ければユーザーはその曲を気に入っていて、少なければあまり気に入らなかったと考えるのは妥当です。しかし、データを調べると、再生回数24以下が99%を占めるのに対し、再生回数1,000回を超えるものも存在します。再生回数の最大値は9,667です。図2-3に示すように、再生回数のヒストグラムを描くと、0付近が最も多い一方で、1,000回以上も珍しくないことがわかります。再生回数をターゲット変数とすると、機械学習モデルはこれらの大きな値に引っ張られて、正確な予測ができなくなってしまいます。

[†3]　訳注：有名な曲100万曲の特徴量やメタデータを集めたデータセット。https://labrosa.ee.columbia.edu/millionsong/

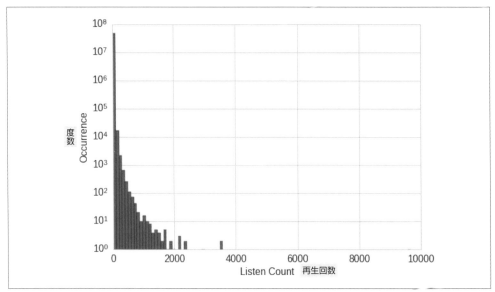

図2-3　The Echo Nestデータセットの再生回数のヒストグラム。y軸は対数スケール。

　The Echo Nestデータセットにおいては、再生回数はユーザーの好みを表す頑健な指標ではありません[†4]。音楽の聴き方はユーザーによって異なります。例えば、ある人はお気に入りの曲を何度も繰り返し聴くかもしれませんし、ある人は特別なときにだけお気に入りの曲を楽しむかもしれません。ある曲を20回聴いた人は、10回聴いた人の2倍その曲が好きだとは言えません。

　このような場合、ユーザーの好みを頑健に表現するために、再生回数を二値化するというアイデアが使われます。例2-1に示すように、再生回数を二値化するには、再生回数が1以上のものをすべて1で上書きします。二値化された再生回数は、ユーザーの好みを表現するシンプルで頑健な指標となります。つまり、ユーザーが1回でもその曲を聴いたら、ユーザーはその曲を好んでいるとみなします。これにより、生データのカウントのわずかな違いを予測することに労力を費やす必要は無くなります。

例2-1　The Echo Nestデータセットの再生回数の二値化

```
>>> import pandas as pd
>>> listen_count = pd.read_csv('millionsong/train_triplets.txt.zip',
...                            header=None, delimiter='\t')
# このデータはユーザーID、曲ID、再生回数の3つの列で構成される
# 再生回数 0 を含まないため、単に再生回数の列をすべて 1 で上書きすることで
# 再生回数を二値化できる
>>> listen_count[2] = 1
```

[†4]　頑健（robust）は統計学の用語で、ある手法がさまざまな条件下においてもきちんと動作することを意味します。

この例は特徴量に対する変換ではないので、正確には特徴量エンジニアリングではありません。ターゲット変数に対する変換なので、ターゲットエンジニアリングと呼ぶべきものです。機械学習プロジェクトでは、問題を正しく解決するために、時にはターゲット変数を変更する必要もあります。

2.2.2 離散化

次に離散化について説明します。ここでは、Yelp データセットチャレンジ (http://www.yelp.com/dataset_challenge) の第6回データの一部を抽出して使います。Yelp データセットは、北米とヨーロッパの10都市におけるさまざまな店舗（レストラン、美容院、バーなど）に対するユーザーレビューを含むデータセットです。それぞれの店舗にはカテゴリがラベル付けされており、カテゴリがない場合もあれば、複数ある場合もあります。

Yelpレビューデータセット（第6回）の統計情報

- データセットには61,184店舗と、それに対するレビュー1,569,264件が含まれる。
- 店舗のカテゴリーは782種類。
- レストラン（レビュー件数990,627件）とナイトライフ[5]（レビュー件数210,028件）がレビュー件数で最も人気のカテゴリ。
- レストランとナイトライフの両方に分類されている店舗は存在しない。したがって、この2つのカテゴリでレビューに重複はない。

このデータセットには店舗に対するレビュー件数（`review_count`）が含まれます。ここでのタスクはユーザーが店舗につける評価点を予測することとします。レビュー件数は、店舗の人気の高さと評価の良さに対して強い相関があるため、良い特徴量となる可能性があります。ただし、レビュー件数をそのまま特徴量として使用するのか、処理を加えてから使用するのかについては検討する必要があります。データのスケールと分布を確認するために、レビュー件数のヒストグラム（**図2-4**）を描いてみましょう（**例2-2**参照）。**図2-3**で示した曲の再生回数と同じパターンが見られます。ほとんどの店舗ではレビュー件数は少なく、一部の店舗には何千ものレビューがついています。

例2-2　Yelp データセット内の店舗に対するレビュー件数の可視化

```
>>> import pandas as pd
>>> import json
```

---

[5] 訳注：ナイトライフ（nightlife）とは夜から朝方にかけて楽しむ娯楽全般を指します。具体的には、バーやクラブなどが該当します。

```
# 店舗についてのデータを読み込む
>>> with open('yelp_academic_dataset_business.json') as biz_file:
...     biz_df = pd.DataFrame([json.loads(x) for x in biz_file.readlines()])

>>> import matplotlib.pyplot as plt
>>> import seaborn as sns

# レビュー件数のヒストグラムを描画
>>> sns.set_style('whitegrid')
>>> fig, ax = plt.subplots()
>>> biz_df['review_count'].hist(ax=ax, bins=100)
>>> ax.set_yscale('log')
>>> ax.tick_params(labelsize=14)
>>> ax.set_xlabel('Review Count', fontsize=14)
>>> ax.set_ylabel('Occurrence', fontsize=14)
```

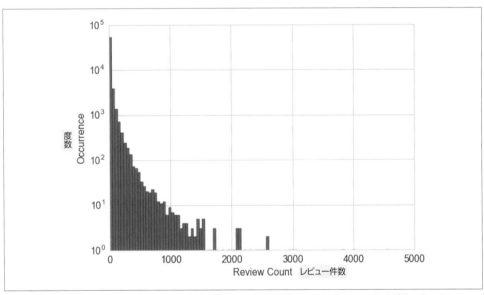

図2-4　Yelpレビューデータセットにおける店舗に対するレビュー件数のヒストグラム。y軸は対数スケール

　このような、複数の桁にまたがるカウントデータは、多くのモデルで問題になります。線形モデルでは、カウントデータが1のときも1000のときも同じ係数をかけることになりますが、それでうまくいくことはほとんどありません。k-meansクラスタリングのような、データ点間の類似度をユークリッド距離で測る手法でも、大きなカウントデータは問題を起こします。特徴ベクトルの要素に1つでも大きなカウントデータがあると、ユークリッド距離はその要素が支配的になり、他の要素の影響が非常に小さくなってしまいます。

　この問題を解決する方法として、スケールによる影響を取り除くために、カウントデータを**離散化**するというアイデアが使われます。つまり、実際のカウント値ではなく、カウントを階級にグ

ループ化したものを特徴量として使用します。離散化によって、連続した数値は離散的な階級に割り当てられます。この階級は順序データとして扱われます。

データを離散化するには、階級の幅を決める必要があります。この決め方には幅を固定する方法とデータの分布に基づいて決める方法の2つがあります。それぞれのタイプについて例を示しながら説明します。

2.2.2.1　固定幅による離散化

離散化を行う際の階級幅を決める方法として、各階級の範囲をあらかじめ固定しておく方法があります。固定された階級には、階級幅に規則性がある場合とない場合が考えられます。例えば、人間の年齢が数値データとして与えられ、これを離散化したいとします。年齢を離散化するとき、階級として、0～9歳、10～19歳のように、10歳区切りの年齢層を使うことがよくあります。この場合、階級幅は一定であり規則性があります。

また、次のように、ライフスタイルに対応する年齢層を階級として使う方法も一般的です。

- 0～12歳
- 12～17歳
- 18～24歳
- 25～34歳
- 35～44歳
- 45～54歳
- 55～64歳
- 65～74歳
- 75歳以上

この場合は階級幅に規則性はありません。

階級幅に規則性がある場合、プログラムで実現するのは簡単です。階級幅が一定の場合は、数値データを階級幅で割り、整数部分を取るだけです（**例2-3**）。一方、階級幅が不規則な場合には、階級に対する情報をどこかで保持しておく必要があります。

規則的な階級幅は、単に10などの一定の階級幅だけではありません。数値が複数の桁にまたがる場合、0～9、10～99、100～999、1000～9999のように、10の累乗でグループ化するという方法が取られます（10以外が使われることもあります）。この場合、階級幅は指数関数的に増加します。これをプログラムで実現するには、数値を対数化してから階級幅で割り、整数部分を取ります。この離散化は、「2.3 対数変換」で説明する対数変換と深い関わりがあります。**例2-3**に、固定幅による離散化の例を示します。

例2-3　固定幅によるカウントデータの離散化

```
>>> import numpy as np

# 0から99までの整数を一様分布からランダムに20個生成する
>>> small_counts = np.random.randint(0, 100, 20)
>>> small_counts
array([30, 64, 49, 26, 69, 23, 56,  7, 69, 67, 87, 14, 67, 33, 88, 77, 75,
       47, 44, 93])
# 除算により 0-9 までの階級を割り当てる
>>> np.floor_divide(small_counts, 10)
array([3, 6, 4, 2, 6, 2, 5, 0, 6, 6, 8, 1, 6, 3, 8, 7, 7, 4, 4, 9], dtype=int32)

# 複数の桁にまたがるカウントデータの配列
>>> large_counts = [296, 8286, 64011, 80, 3, 725, 867, 2215, 7689, 11495, 91897,
...                 44, 28, 7971, 926, 122, 22222]
# 対数変換により指数幅の階級を割り当てる
>>> np.floor(np.log10(large_counts))
array([ 2.,  3.,  4.,  1.,  0.,  2.,  2.,  3.,  3.,  4.,  4.,  1.,  1.,
        3.,  2.,  2.,  4.])
```

2.2.2.2　分位数による離散化

　固定幅による離散化は計算が簡単です。しかし、カウントデータに大きなギャップがあると、データの入らない空の階級が多くできてしまいます。この問題を解決するために、データの分布に基づいて階級を決める方法が使われます。ここでは、階級をデータの分位数に基づいて決める方法を見てみましょう。

　分位数（quantile）は、データ数を均等に分割する境界値です。例えば、中央値はデータを半分に分割する分位数です。つまり、データ点の半分は中央値よりも小さく、もう半分は中央値より大きくなります。四分位数は、データを4つに分け、十分位数は10個に分割します。例2-4は、Yelpデータセットのレビュー件数の十分位数（decile）を計算し、ヒストグラムに上書きしています（図2-5）。この図より、レビュー件数が少ないほど階級幅が狭くなる様子がはっきりとわかります。これはレビュー件数の少ない店舗の方が数が多いためです。

例2-4　Yelpデータセットにおけるレビュー件数の十分位数を計算する

```
>>> deciles = biz_df['review_count'].quantile([.1, .2, .3, .4, .5, .6, .7, .8, .9])
>>> deciles
0.1     3.0
0.2     4.0
0.3     5.0
0.4     6.0
0.5     8.0
0.6    12.0
0.7    17.0
0.8    28.0
0.9    58.0
Name: review_count, dtype: float64
```

```
# ヒストグラムに十分位数を上書きする
>>> sns.set_style('whitegrid')
>>> fig, ax = plt.subplots()
>>> biz_df['review_count'].hist(ax=ax, bins=100)
>>> for pos in deciles:
...     handle = plt.axvline(pos, color='r')
>>> ax.legend([handle], ['deciles'], fontsize=14)
>>> ax.set_yscale('log')
>>> ax.set_xscale('log')
>>> ax.tick_params(labelsize=14)
>>> ax.set_xlabel('Review Count', fontsize=14)
>>> ax.set_ylabel('Occurrence', fontsize=14)
```

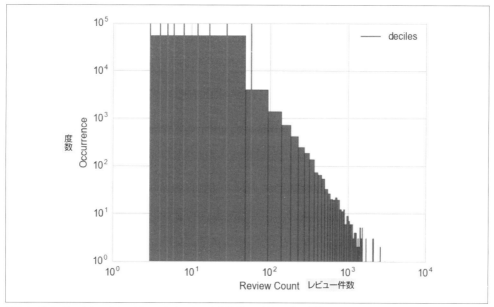

図2-5　Yelpデータセットのレビューカウントの十分位数。x軸とy軸は対数スケール

　分位数を計算してデータを階級に変換するにはPandasライブラリが便利です（例2-5）。Pandasで分位数を計算する関数はpandas.DataFrame.quantile（http://bit.ly/2I8vpf2）とpandas.Series.quantile（http://bit.ly/2D89r80）です。これらの関数で得られた分位数を境界値として使うことでデータを階級に変換できます。また、pandas.qcut（http://bit.ly/2IamSrY）を使うと、データを分位数に直接変換できます。

例2-5　分位数によるカウントデータの離散化
```
# 例2-3 の large_count を引き続き使う
>>> import pandas as pd
```

```
# 四分位数に変換
>>> pd.qcut(large_counts, 4, labels=False)
array([1, 2, 3, 0, 0, 1, 1, 2, 2, 3, 3, 0, 0, 2, 1, 0, 3], dtype=int64)

# 分位数の計算
>>> large_counts_series = pd.Series(large_counts)
>>> large_counts_series.quantile([0.25, 0.5, 0.75])
0.25     122.0
0.50     926.0
0.75    8286.0
dtype: float64
```

2.3　対数変換

　対数関数 $\log_a(x)$ は指数関数の逆関数であり、$\log_a(a^b) = b$ として定義されます。ただし、a は底と呼ばれる正の実数であり、入力 x は正の実数です。ここでは $a = 10$ に固定して説明しますが、他の底の場合でも同じことが言えます。まず、$10^0 = 1$ より $\log_{10}(1) = 0$ が成り立ちます。したがって定義より、対数関数は $x \in (0, 1)$ の範囲の数を負数全体 $(-\infty, 0)$ に写すことがわかります。関数 $\log_{10}(x)$ は $[1, 10]$ の範囲を $[0, 1]$ に写し、$[10, 100]$ の範囲を $[1, 2]$ に写します。つまり、対数関数は、x のスケールが大きいときはその範囲を縮小し、小さいときは拡大します。

　このことは、対数関数のプロット（**図2-6**）を見るとよくわかります。x 軸の100から1000までの大きな範囲は、y 軸では2.0から3.0の範囲に縮小されています。一方、x 軸の1から100までの小さな範囲は y 軸の0.0から2.0の範囲に写されており、$x \in [100, 1000]$ が写される範囲より大きな範囲であることがわかります。また、x が大きくなるほど $\log_{10}(x)$ の増加速度が遅くなることも見て取れます。

　対数変換は正の数値データが裾の重い分布を持つ場合に強力な武器となります[†6]。このようなデータは、対数変換によって、上側の長い裾を短く圧縮し、下側を拡大することができます。**図2-7** に、Yelpデータセットのレビュー件数に対して、対数変換の前後でヒストグラムがどう変わるかを示します（**例2-6**参照）。**図2-4** とは異なり、y 軸は対数化されていないことに注意が必要です。対数変換前のヒストグラムでは、値の小さい領域にデータが集中していますが、一方で4000以上という非常に大きな値も取ることがわかります。対数変換後のヒストグラムでは、値の小さい領域への集中は緩和され、x 軸上でのデータの広がりが大きくなっています。対数変換後のプロットでは $(0.5, 1)$ の範囲内の階級に隙間が生じていますが、これはレビュー件数が整数値しか取らないので、1〜10の範囲に値が10個しか存在しないためです。

[†6] 裾の重い分布（heavy-tailed distribution）とは、裾の部分の確率が常に正規分布よりも高くなる確率分布のことを言います。

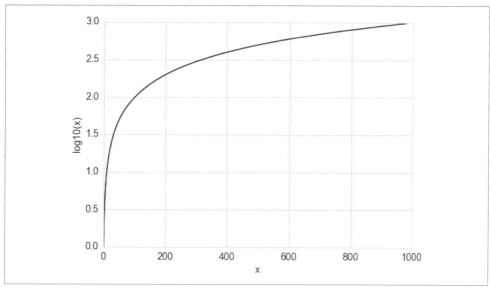

図2-6 対数関数は大きな数値の範囲を縮小し、小さな数値の範囲を拡大する

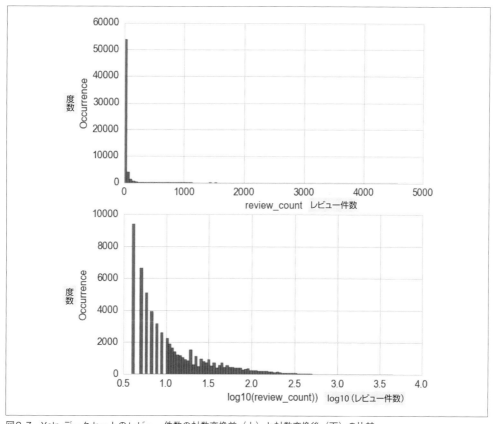

図2-7 Yelpデータセットのレビュー件数の対数変換前(上)と対数変換後(下)の比較

例2-6　対数変換の前後でレビュー件数のヒストグラムを比較する

```
>>> import numpy as np

# 例2-2 で読み込んだ Yelp データセットの
# データフレーム biz_df を使用して、レビュー件数を対数変換する
# レビュー件数 0 を対数変換してマイナス無限大になるのを防ぐために
# 対数変換の前に生データに 1 を加算していることに注意
>>> biz_df['log_review_count'] = np.log10(biz_df['review_count'] + 1)

>>> fig, (ax1, ax2) = plt.subplots(2,1)
>>> biz_df['review_count'].hist(ax=ax1, bins=100)
>>> ax1.tick_params(labelsize=14)
>>> ax1.set_xlabel('review_count', fontsize=14)
>>> ax1.set_ylabel('Occurrence', fontsize=14)

>>> biz_df['log_review_count'].hist(ax=ax2, bins=100)
>>> ax2.tick_params(labelsize=14)
>>> ax2.set_xlabel('log10(review_count))', fontsize=14)
>>> ax2.set_ylabel('Occurrence', fontsize=14)
```

別の例として、Online News Popularityデータセット（https://archive.ics.uci.edu/ml/datasets/Online+News+Popularity）を考えましょう。このデータセットはUC Irvine Machine Learning Repository［Fernandes et al., 2015］から取得できます。

Online News Popularityデータセットの統計情報

- このデータセットには、ニュースサイトMashable[7]に掲載された約2年分のニュース記事39,797本とその特徴量60個が含まれる。

Online News Popularityデータセットを用いて、ニュース記事の人気度を予測するタスクを考えます。ニュース記事の人気度はソーシャルメディア上のシェア数で測ることにします。このデータセットはたくさんの特徴量を含みますが、ここでは記事内で使用された単語数（n_token_count）だけを特徴量として用いることにします。図2-8に、対数変換前後の単語数のヒストグラムを示します（例2-7参照）。対数変換後の分布は、内容を含まない記事（単語数0）を除いて考えると、正規分布に近くなっていることがわかります。

例2-7　ニュース記事に含まれる単語数の分布の可視化

```
# Online News Popularity データセットを UCI リポジトリからダウンロードし
# Pandas を使ってデータフレームとして読み込む
>>> df = pd.read_csv('OnlineNewsPopularity.csv', delimiter=', ')
```

---

[7] 訳注：https://mashable.com

```
# ニュース記事に含まれる単語数 'n_tokens_content' に対数変換を施す
>>> df['log_n_tokens_content'] = np.log10(df['n_tokens_content'] + 1)

>>> fig, (ax1, ax2) = plt.subplots(2,1)
>>> df['n_tokens_content'].hist(ax=ax1, bins=100)
>>> ax1.tick_params(labelsize=14)
>>> ax1.set_xlabel('Number of Words in Article', fontsize=14)
>>> ax1.set_ylabel('Number of Articles', fontsize=14)

>>> df['log_n_tokens_content'].hist(ax=ax2, bins=100)
>>> ax2.tick_params(labelsize=14)
>>> ax2.set_xlabel('Log of Number of Words', fontsize=14)
>>> ax2.set_ylabel('Number of Articles', fontsize=14)
```

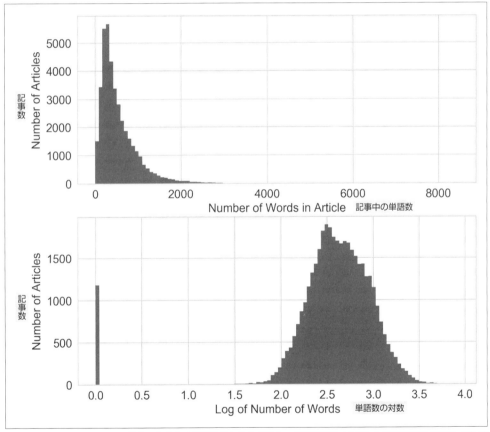

図2-8　Mashableのニュース記事に含まれる単語数のヒストグラム。対数変換前（上図）と対数変換後（下図）の比較

2.3.1　対数変換の実行

　機械学習において対数変換がどのように利用されるかを見ていきましょう。ここでは、2つの教

師あり学習を考えます。Yelpデータセットでは、レビュー件数を用いて店舗の平均評価（stars）を予測するタスクを考えます。Online News Popularityデータセットでは、単語数を用いてニュース記事のシェア数（shares）を予測するタスクを考えます。両方とも予測ターゲットは連続した数値なので、線形回帰モデルを使用して予測を行うことにします。特徴量に対して対数変換を行う場合と行わない場合について、scikit-learn（http://scikit-learn.org/）を用いて線形回帰モデルを学習させ、10分割クロスバリデーションを使って評価します。モデルの評価指標には R^2 スコア（http://bit.ly/2D4ZKap）を使います。R^2 **スコア**（R-squared score）は、学習済みの回帰モデルが新しいデータをどれだけうまく予測するかを表す指標です。予測の良いモデルほど R^2 スコアは高くなり、モデルの予測が正解と完全に一致する場合は最大値1を取ります。一方、R^2 スコアが低いほど悪いモデルであることを表し、マイナスになることもあります。クロスバリデーションを使用して、R^2 スコアの推定値だけでなくばらつきも計算します。ばらつきは2つのモデルを比較するときに R^2 スコアの違いに意味があるかどうかを判断するのに役立ちます。

まずはYelpデータセットに対して対数変換を適用してみましょう（**例2-8**）。

例2-8　平均評価を予測するためにYelpレビュー件数の対数変換を使う

```
>>> import pandas as pd
>>> import numpy as np
>>> import json
>>> from sklearn import linear_model
>>> from sklearn.model_selection import cross_val_score

# 例2-2 で読み込んだ Yelp データセットの
# データフレーム biz_df を使用して、レビュー件数を対数変換する
# レビュー件数 0 を対数変換してマイナス無限大になるのを防ぐために
# 対数変換の前に生データに 1 を加算していることに注意
>>> biz_df['log_review_count'] = np.log10(biz_df['review_count'] + 1)

# 各店舗の平均評価（stars）を予測するために線形回帰モデルを学習する
# 特徴量 review_count を対数変換した場合としない場合とで
# 10分割クロスバリデーションにより R2 スコアを比較する
>>> m_orig = linear_model.LinearRegression()
>>> scores_orig = cross_val_score(m_orig, biz_df[['review_count']],
...                               biz_df['stars'], cv=10)
>>> m_log = linear_model.LinearRegression()
>>> scores_log = cross_val_score(m_log, biz_df[['log_review_count']],
...                              biz_df['stars'], cv=10)
>>> print('R-squared score without log transform: %0.5f (+/- %0.5f)'
...       % (scores_orig.mean(), scores_orig.std() * 2))
>>> print('R-squared score with log transform: %0.5f (+/- %0.5f)'
...       % (scores_log.mean(), scores_log.std() * 2))
R-squared score without log transform: -0.03683 (+/- 0.07280)
R-squared score with log transform: -0.03694 (+/- 0.07650)
```

この結果から判断すると、学習されたモデルは対数変換の有無にかかわらずターゲットをうまく予測できていません。対数変換した特徴量を使ったモデルの方が少し悪いくらいです。これは残念

な結果となりました。両方とも特徴量を1つしか使わないので、性能が良くないことについては驚きはありませんが、それにしても対数変換された特徴量がうまく機能して、少しは性能が良くなるのを期待したのではないでしょうか。この理由についてはあとで考察します。

次に、Online News Popularity データセットに対しても同じ実験を行います（**例2-9**参照）。

例2-9 Online News Popularity データセットの記事の人気を予測するために単語数を対数変換する

```
# Online News Popularity データセットを UCI リポジトリからダウンロードし
# Pandas を使ってデータフレームとして読み込む
>>> df = pd.read_csv('OnlineNewsPopularity.csv', delimiter=', ')

# ニュース記事内に含まれる単語数 'n_tokens_content' に対数変換を施す
>>> df['log_n_tokens_content'] = np.log10(df['n_tokens_content'] + 1)

# 記事のシェア数を予測する2つの線形回帰モデルを学習する
# 1つは元の特徴量であり、もう1つは対数変換をかけた特徴量を使う
>>> m_orig = linear_model.LinearRegression()
>>> scores_orig = cross_val_score(m_orig, df[['n_tokens_content']],
...                               df['shares'], cv=10)
>>> m_log = linear_model.LinearRegression()
>>> scores_log = cross_val_score(m_log, df[['log_n_tokens_content']],
...                              df['shares'], cv=10)
>>> print('R-squared score without log transform: %0.5f (+/- %0.5f)'
...       % (scores_orig.mean(), scores_orig.std() * 2))
>>> print('R-squared score with log transform: %0.5f (+/- %0.5f)'
...       % (scores_log.mean(), scores_log.std() * 2))
R-squared score without log transform: -0.00242 (+/- 0.00509)
R-squared score with log transform: -0.00114 (+/- 0.00418)
```

信頼区間[†8]に重なりがあるため有意とは言えませんが、対数変換された特徴量を使ったモデルは、対数変換を使わなかったモデルよりも R^2 スコアが良くなりました。なぜこのデータセットでは対数変換が成功したのでしょうか？ この理由を考えるために、特徴量とターゲット変数の散布図を描いてみます（**例2-10**参照）。**図2-9**の下の図からわかるように、対数変換は x 軸を伸縮させ、ターゲット変数の大きな外れ値（20万シェア以上）を軸の右側に引き出します。これにより、特徴量の分布の左側にゆとりができます。対数変換を行わない場合（上図）、線形モデルは入力のわずかな違いをもとにターゲット変数の大きな違いに対処する必要があります。

例2-10 ニュース記事の人気予測問題における入出力間の相関の可視化

```
>>> fig2, (ax1, ax2) = plt.subplots(2,1)
>>> ax1.scatter(df['n_tokens_content'], df['shares'])
>>> ax1.tick_params(labelsize=14)
>>> ax1.set_xlabel('Number of Words in Article', fontsize=14)
>>> ax1.set_ylabel('Number of Shares', fontsize=14)
```

[†8] 訳注：ここでは標準偏差を2倍したものを信頼区間と呼んでいますが、正確には平均値の95%信頼区間は標準誤差の1.96倍で計算されます。

```
>>> ax2.scatter(df['log_n_tokens_content'], df['shares'])
>>> ax2.tick_params(labelsize=14)
>>> ax2.set_xlabel('Log of the Number of Words in Article', fontsize=14)
>>> ax2.set_ylabel('Number of Shares', fontsize=14)
```

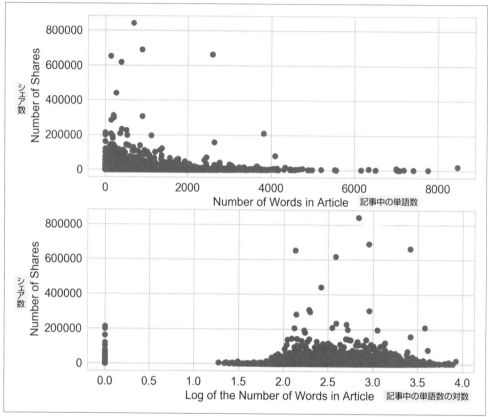

図2-9 Online News Popularityデータセットの単語数(入力)とシェア数(出力)の散布図。上図は元の特徴量、下図は対数変換後の特徴量について散布図により可視化している

　Yelpレビューデータセットに対して同じ散布図を作成しましょう(例2-11参照)。図2-10は図2-9と大きく異なります。店舗の評価は、1から5までの値を取る0.5刻みの離散値です。レビュー件数の多い店舗(約2,500件以上のレビュー)では、件数と評価の高さに相関があるようですが、全体の関係は直線からはかけ離れています。そのため、対数変換前後のどちらの入力に基づいても店舗の評価を予測する直線を描くことができません。したがって、店舗評価を予測するタスクにおいて、対数変換を行うかどうかに関係なく、レビュー件数は線形モデルの良い特徴量ではありません。

例2-11 Yelp評価予測における入力と出力の相関の可視化

```
>>> fig, (ax1, ax2) = plt.subplots(2,1)
>>> ax1.scatter(biz_df['review_count'], biz_df['stars'])
>>> ax1.tick_params(labelsize=14)
>>> ax1.set_xlabel('Review Count', fontsize=14)
>>> ax1.set_ylabel('Average Star Rating', fontsize=14)

>>> ax2.scatter(biz_df['log_review_count'], biz_df['stars'])
>>> ax2.tick_params(labelsize=14)
>>> ax2.set_xlabel('Log of Review Count', fontsize=14)
>>> ax2.set_ylabel('Average Star Rating', fontsize=14)
```

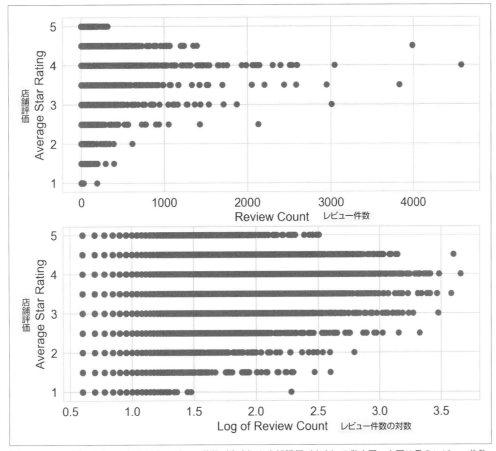

図2-10 Yelpデータセットにおけるレビュー件数（入力）と店舗評価（出力）の散布図。上図は元のレビュー件数、下図は対数変換したレビュー件数

データ可視化の重要性

2つのデータセットを使って、特徴量の対数変換に効果がある場合とない場合について理由を考察しました。ここで使われたデータ可視化のテクニックは重要です。具体的には、特徴量とターゲット変数の関係を散布図によって可視化しました。図2-10では、特徴量とターゲット変数の関係が線形モデルでは表せないことがひと目でわかります。一方、この図からはレビュー件数の多い店舗は評価も高いこともわかるため、別のモデルではレビュー件数は良い特徴量になるかもしれません。モデルを構築する際に、特徴量とターゲット変数の関係、さらには特徴量同士の関係を可視化することは重要です。

2.3.2 べき変換：対数変換の一般化

対数変換は、**べき変換**（power transform）と呼ばれる変換の一種です。統計学の用語では、これらは**分散安定化変換**（variance-stabilizing transformation）と呼ばれます[†9]。分散安定化について理解するために、ポアソン分布を考えましょう。ポアソン分布は、平均と分散が等しいという性質を持つ裾の重い分布です（平均が大きいほど分散が大きくなり裾が重くなります）。図2-11に、平均λを変えた時のポアソン分布を示します。λが大きくなると分布の頂上が右に移動するだけでなく、分散も大きくなります。

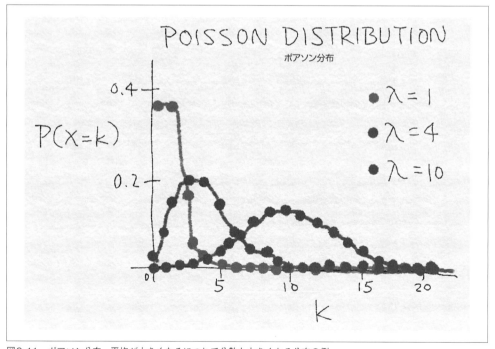

図2-11 ポアソン分布。平均が大きくなるにつれて分散も大きくなる分布の例

[†9] 訳注：一般に、べき変換と分散安定化変換は別の概念です。ここで紹介されている平方根変換は、べき変換の一種であり、かつポアソン分布に対する分散安定化変換でもあります。

分散安定化変換は、分散が平均に依存しないように、変数の分布を変更します。例えば、確率変数 X がポアソン分布にしたがうと仮定します。X を平方根を使って変換すると、$\tilde{X} = \sqrt{X}$ の分散はほぼ一定になります。すなわち、この変換により分散が平均に依存しなくなります。

対数変換と平方根変換の一般化として Box-Cox 変換が有名です。Box-Cox 変換は次の式で定義されます[†10]。

$$\tilde{x} = \begin{cases} \frac{x^\lambda - 1}{\lambda} & \text{もし } \lambda \neq 0 \\ \ln(x) & \text{もし } \lambda = 0 \end{cases}$$

図2-12に $\lambda = 0, 0.25, 0.5, 0.75, 1.5$ に対する Box-Cox 変換を示します。$\lambda = 0$ のときは対数変換になり、$\lambda = 0.5$ のときは平方根変換になります（厳密には $\frac{\sqrt{x}-1}{0.5}$ です）。$\lambda < 1$ の場合は対数変換と同じように大きな値を縮小するような変換となり、$\lambda > 1$ の場合は逆に大きな値を拡大する変換となります。

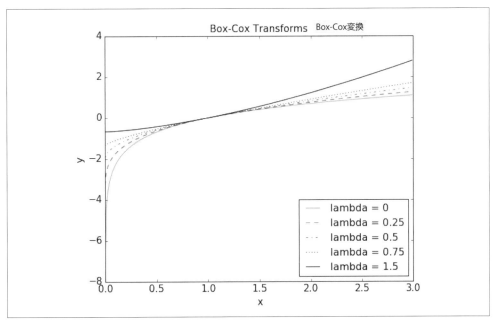

図2-12　色々な λ に対する Box-Cox 変換

Box-Cox 変換はデータが正の場合にのみ適用できます。データが負の値を含む場合、すべての値が正となるように定数を加えることで変換が適用できるようになります。Box-Cox 変換や、べき変換を適用するときは、パラメータ λ の値を決定する必要があります。この値を決めるのに、

[†10] 訳注：Box-Cox 変換の定義式に出てくる関数 ln は自然対数関数 $\ln(x) = \log_e(x)$ を意味します。

最尤法がよく使われます。最尤法を使うと、変換後のデータが正規分布に最も近づくようにλが決定されます。Box-Cox変換とべき変換の詳細については、本書で取り扱う内容の範囲を超えます。詳しくは"Econometric Methods"[Johnston & DiNardo, 1997]を参照してください。SciPyのstatsパッケージ（https://docs.scipy.org/doc/scipy/reference/stats.html）に含まれるBox-Cox変換の実装は、パラメータλの最適値を最尤法によって自動的に決定する機能がついています。例2-12に、Yelpデータセットのレビュー件数に対してBox-Cox変換を適用する方法を示します。

例2-12　Yelpレビュー件数のBox-Cox変換

```
>>> from scipy import stats

# 引き続き biz_df には Yelp のレビューデータが含まれるとする
# Box-Cox 変換は入力がすべて正であることを仮定するため
# まずは最小値を調べてマイナスの値を取らないか確認する
>>> biz_df['review_count'].min()
3

# 引数 lambda に 0 を与えると対数変換になる（定数を足さない）
>>> rc_log = stats.boxcox(biz_df['review_count'], lmbda=0)
# 引数 lambda に何も与えなければ、scipy 実装では変換後のデータが
# 正規分布に最も近づくようにパラメータ lambda が自動的に決定される
>>> rc_bc, bc_params = stats.boxcox(biz_df['review_count'])
>>> bc_params
-0.4106510862321085
```

図2-13に元データ、対数変換後、Box-Cox変換後で分布がどう変わるかを示します（例2-13参照）。

例2-13　レビュー件数の元データ、対数変換後、Box-Cox変換後のヒストグラムを作成

```
>>> biz_df['rc_log'] = rc_log
>>> biz_df['rc_bc'] = rc_bc
>>> fig, (ax1, ax2, ax3) = plt.subplots(3,1)

# レビュー件数のヒストグラム
>>> biz_df['review_count'].hist(ax=ax1, bins=100)
>>> ax1.set_yscale('log')
>>> ax1.tick_params(labelsize=14)
>>> ax1.set_title('Review Counts Histogram', fontsize=14)
>>> ax1.set_xlabel('')
>>> ax1.set_ylabel('Occurrence', fontsize=14)

# 対数変換後のレビュー件数のヒストグラム
>>> biz_df['rc_log'].hist(ax=ax2, bins=100)
>>> ax2.set_yscale('log')
>>> ax2.tick_params(labelsize=14)
>>> ax2.set_title('Log Transformed Counts Histogram', fontsize=14)
>>> ax2.set_xlabel('')
```

```
>>> ax2.set_ylabel('Occurrence', fontsize=14)

# 最適な Box-Cox 変換後のレビュー件数のヒストグラム
>>> biz_df['rc_bc'].hist(ax=ax3, bins=100)
>>> ax3.set_yscale('log')
>>> ax3.tick_params(labelsize=14)
>>> ax3.set_title('Box-Cox Transformed Counts Histogram', fontsize=14)
>>> ax3.set_xlabel('')
>>> ax3.set_ylabel('Occurrence', fontsize=14)
```

確率プロット (probability plot) は、観測値の分位数と理論値の分位数の散布図です。これはデータの経験分布と理論分布を比較するために用いられます。図2-14にYelpレビュー件数の元データと変換後のデータを正規分布と比較する確率プロットを示します (例2-14参照)。元データの分布は正規分布よりもはるかに裾が重いことがはっきりとわかります (元データは4000以上の値まで取りますが、理論的な分位数は4までしか取りません)。また、元データの確率プロットと比べると、対数変換とBox-Cox変換の両方で、データの分布が正規分布に近づいていることがわかります。対数変換とBox-Cox変換を比較すると、Box-Cox変換では赤い対角線の下側で裾が平らになっています。これは、対数変換よりもBox-Cox変換の方が裾を収縮させていることを示しています。

例2-14 元データと変換後データの正規分布に対する確率プロット

```
>>> fig2, (ax1, ax2, ax3) = plt.subplots(3,1)
>>> prob1 = stats.probplot(biz_df['review_count'], dist=stats.norm, plot=ax1)
>>> ax1.set_xlabel('')
>>> ax1.set_title('Probplot against normal distribution')

>>> prob2 = stats.probplot(biz_df['rc_log'], dist=stats.norm, plot=ax2)
>>> ax2.set_xlabel('')
>>> ax2.set_title('Probplot after log transform')

>>> prob3 = stats.probplot(biz_df['rc_bc'], dist=stats.norm, plot=ax3)
>>> ax3.set_xlabel('Theoretical quantiles')
>>> ax3.set_title('Probplot after Box-Cox transform')
```

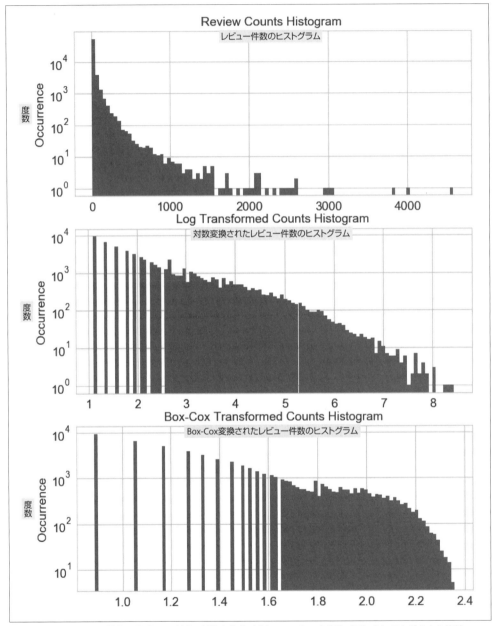

図2-13　Yelpレビュー件数の元データ（上）、対数変換後（中）、Box-Cox変換後（下）のヒストグラムの比較

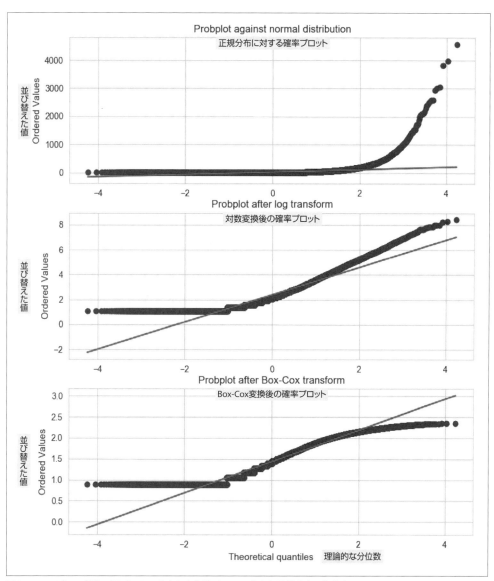

図2-14　レビュー件数の元データの分布と変換後データの分布を正規分布と比較する

2.4　スケーリングと正規化

　数値データには値の取る範囲が決まっているものと決まっていないものがあります。例えば、緯

度や経度は値の取る範囲が決まっていますが[11]、曲の再生数やサイトのページビュー数などのカウントデータには上限がありません。線形回帰やロジスティック回帰など、モデルが入力のスケールに敏感な場合、特徴量スケーリングというテクニックが役立ちます。その名の通り、特徴量スケーリングは特徴量のスケールを変更します。これは特徴量の**正規化**（normalization）とも呼ばれます[12][13]。通常、特徴量スケーリングは個々の特徴量に対して適用されます。ここではスケーリング手法のうちよく使われるものについて説明します。対数変換とは異なり、スケーリングによって特徴量の分布は変化しません。

2.4.1　Min-Maxスケーリング

xをデータ点におけるある特徴量の値とします。$\min(x)$と$\max(x)$をそれぞれこの特徴量全体における最小値と最大値とします。このとき、Min-Maxスケーリングは次の式で定義されます。

$$\tilde{x} = \frac{x - \min(x)}{\max(x) - \min(x)}$$

Min-Maxスケーリングは特徴量の値を$[0, 1]$の範囲に縮小します[14]（**図2-15**参照）。

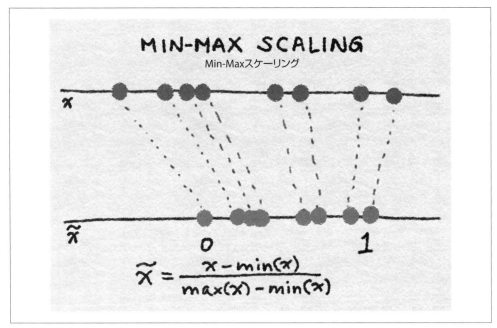

図2-15　Min-Max スケーリング

---

[11] 訳注：緯度は$-90\sim 90$、経度は$0\sim 180$の範囲の値を取ります。

[12] スケーリングは定数を掛けることを意味するだけですが、正規化は中心化などの操作も含みます。

[13] 訳注：スケーリングと正規化はほとんど同じ意味で使われる用語です。本書ではscikit-learnのpreprocessingモジュールに合わせた用語の使い分けをしています。

[14] 元の特徴量の範囲が$[0, 1]$よりも小さい場合は拡大されます。

2.4.2 標準化（分散スケーリング）

特徴量の**標準化**（standardization）は次の式で定義されます。

$$\tilde{x} = \frac{x - \mathrm{mean}(x)}{\mathrm{sqrt}(\mathrm{var}(x))}$$

すなわち、特徴量から平均値を引き、分散の平方根（標準偏差）で割ります。この変換の結果、特徴量の平均は0、分散は1となります。分散で割ることから、標準化のことを**分散スケーリング**（variance scaling）と呼ぶこともあります。元の特徴量が正規分布に従う場合、標準化された特徴量は標準正規分布に従います。図2-16に標準化のイメージを示します。

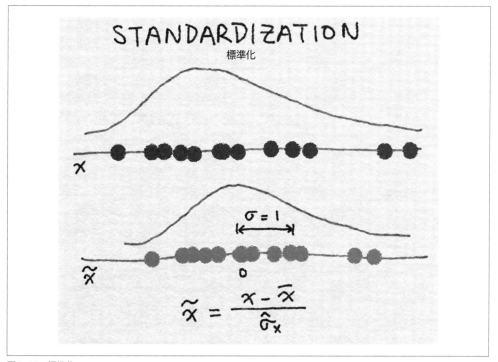

図2-16 標準化

スパースデータの正規化に注意

スパースな特徴量に対してMin-Maxスケーリングや標準化を適用する場合は注意が必要です。どちらの変換も元の特徴量から一定の値を引き算します。Min-Maxスケーリングでは特徴量の最小値が引かれ、標準化では平均値が引かれます。引く値が0でない場合、これら2つの変換は、ほとんどの値が0であるような疎ベクトルを密ベクトルに変えてしまいます。これは、実装によってはモデルの学習に多大な計算負荷をかけるかもしれません。例えば、**3章**で説明

するBag-of-Wordsは、テキストデータをスパース行列で表現するため、これを入力とするほとんどの機械学習ライブラリは入力がスパースであることを前提に最適化されています。言うまでもなく、文章中に現れない単語が全て含まれるとしたら恐ろしいことになります。

2.4.3　ℓ^2 正規化

ℓ^2 正規化は、ℓ^2 ノルム（ユークリッドノルム）で割ることで特徴量を正規化します。これは次の式で定義されます。

$$\tilde{x} = \frac{x}{\|x\|_2}$$

ここで、ℓ^2 ノルムは、ベクトル空間内でのベクトルの長さを表します。ℓ^2 ノルムの定義は、有名なピタゴラスの定理から導くことができます[†15]。

$$\|x\|_2 = \sqrt{x_1^2 + x_2^2 + \cdots + x_m^2}$$

ℓ^2 ノルムは、特徴量の値の平方和に対して平方根を取ったものです。ℓ^2 正規化を適用すると特徴量のノルムは1になります。これは ℓ^2 スケーリングとも呼ばれます。図2-17に、ℓ^2 正規化のイメージを示します。

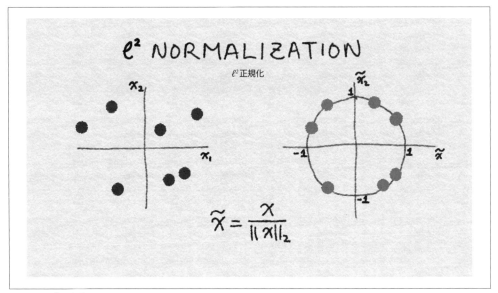

図2-17　ℓ^2 正規化

[†15] ピタゴラスの定理は、直角三角形の直角を挟む2辺の長さから、斜辺の長さを求める定理です。

> **データ空間と特徴空間**
>
> 図2-17は、特徴空間ではなくデータ空間であることに注意してください。特徴量の代わりにデータ点に対して ℓ^2 正規化を行うこともできます。これにより特徴ベクトルのノルムは1となります。データベクトルと特徴ベクトルの補完的な性質については「3.1.1 Bag-of-Words」を参照してください。

特徴量スケーリングはどの手法も特徴量を定数で除算します。この定数は**正規化定数**（normalization constant）と呼ばれます。したがって、特徴量はそれ単一で見る限り、分布の形状は変更されません。これについて、Online News Popularityデータセットのニュース記事の単語数で説明します（**例2-15**参照）。

例2-15　特徴量スケーリングの例

```
>>> import pandas as pd
>>> import sklearn.preprocessing as preproc

# Online News Popularity データセットの読み込み
>>> df = pd.read_csv('OnlineNewsPopularity.csv', delimiter=', ')

# 元データ（記事中の単語数）
>>> df['n_tokens_content'].values
array([ 219.,  255.,  211., ...,  442.,  682.,  157.])

# Min-Max スケーリング
>>> df['minmax'] = preproc.minmax_scale(df[['n_tokens_content']])
>>> df['minmax'].values
array([ 0.02584376,  0.03009205,  0.02489969, ...,  0.05215955,
        0.08048147,  0.01852726])

# 標準化（定義より出力が負になることもある）
>>> df['standardized'] =
preproc.StandardScaler().fit_transform(df[['n_tokens_content']])
>>> df['standardized'].values
array([-0.69521045, -0.61879381, -0.71219192, ..., -0.2218518 ,
        0.28759248, -0.82681689])

# L2 正規化
>>> df['l2_normalized'] = preproc.normalize(df[['n_tokens_content']], axis=0)
>>> df['l2_normalized'].values
array([ 0.00152439,  0.00177498,  0.00146871, ...,  0.00307663,
        0.0047472 ,  0.00109283])
```

これらの特徴量スケーリング後のデータの分布を可視化します（**例2-16**参照）。**図2-18**に示すように、対数変換とは異なり、特徴量スケーリングは分布の形状を変えません。データのスケールのみが変更されます。

例2-16　元データとスケーリング後のヒストグラムの描画

```
>>> fig, (ax1, ax2, ax3, ax4) = plt.subplots(4,1)
>>> fig.tight_layout()
>>> df['n_tokens_content'].hist(ax=ax1, bins=100)
>>> ax1.tick_params(labelsize=14)
>>> ax1.set_xlabel('Article word count', fontsize=14)
>>> ax1.set_ylabel('Number of articles', fontsize=14)

>>> df['minmax'].hist(ax=ax2, bins=100)
>>> ax2.tick_params(labelsize=14)
>>> ax2.set_xlabel('Min-max scaled word count', fontsize=14)
>>> ax2.set_ylabel('Number of articles', fontsize=14)

>>> df['standardized'].hist(ax=ax3, bins=100)
>>> ax3.tick_params(labelsize=14)
>>> ax3.set_xlabel('Standardized word count', fontsize=14)
>>> ax3.set_ylabel('Number of articles', fontsize=14)

>>> df['l2_normalized'].hist(ax=ax4, bins=100)
>>> ax4.tick_params(labelsize=14)
>>> ax4.set_xlabel('L2-normalized word count', fontsize=14)
>>> ax4.set_ylabel('Number of articles', fontsize=14)
```

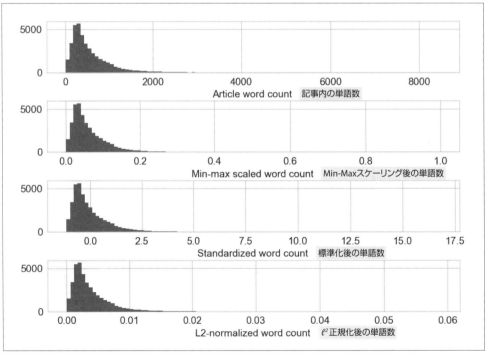

図2-18　ニュース記事中の単語数について、スケーリング前後のヒストグラムを比較する。x軸の数字だけが変化しており、分布の形状は変化していない

特徴量スケーリングは、入力される特徴量のスケールが大きく異なる場合に役立ちます。例えば、人気のEコマースサイトでは1日の訪問者数は数十万人におよぶかもしれませんが、実際の購入者は数千人程度かもしれません。この2つが特徴量としてモデルに投入された場合、スケールの違いが問題を起こす場合があります。スケールが大きく異なる特徴量は、学習アルゴリズムにとって数値安定性の問題の原因となるかもしれません。このような場合に特徴量スケーリングが有効です。4章では、自然言語のテキストデータに対する特徴量スケーリングについて使用例と共に詳しく説明します。

2.5 交互作用特徴量

ここまでは単一の特徴量に対する変換を見てきましたが、複数の特徴量を組み合わせて新たな特徴量を作成するというテクニックもよく用いられます。ここではそのテクニックの1つとして交互作用特徴量を紹介します。**交互作用特徴量**（interaction feature）は、複数の特徴量の積として定義されます。その中でも2つの特徴量の積は、ペアワイズ交互作用特徴量と呼ばれます。例えば、郵便番号と年齢層の2つの特徴量から交互作用特徴量を作成すると、その値は「郵便番号98121かつ年齢が18歳から35歳まで」のようになります。2つの特徴量を組み合わせることで、個々の特徴量を使った場合よりもターゲット変数をうまく表現できる場合があります。線形モデルで交互作用特徴量を使うには明示的にモデルに組み込む必要があります（決定木に基づくモデルではその必要はありません）。

線形モデルは入力特徴量$x_1, x_2, \ldots, x_n$の線形変換によってターゲット変数yを予測します。これを式で表すと次のようになります。

$$y = w_1 x_1 + w_2 x_2 + \cdots + w_n x_n$$

この線形モデルの式に交互作用特徴量を組み込むのは簡単です。

$$y = w_1 x_1 + w_2 x_2 + \cdots + w_n x_n + w_{1,1} x_1 x_1 + w_{1,2} x_1 x_2 + w_{1,3} x_1 x_3 + \cdots$$

これにより、モデルに交互作用（複数の特徴量による複合的な影響）を組み込むことができました。特徴量が数値の場合、$x_1 x_2$は通常の掛け算の意味ですが、x_1とx_2が二値特徴量の場合、$x_1 x_2$は論理積（x_1 AND x_2）となります。ユーザーのプロフィール情報を使って商品を買うかどうかを予測するタスクを考えます。このとき、居住地域と年齢を別々に考えるより、「シアトルに住む35歳」という情報の方が役立つ場合があります。

例2-17では、ペアワイズ交互作用特徴量を使って、Online News Popularityデータセットからニュース記事のシェア数を予測しています。結果として、交互作用特徴量を加えたモデルは特徴量をそれぞれ単一に用いたモデルより精度が上がります。また、どちらのモデルも**例2-9**で作った記事中の単語数だけを特徴量としたモデルよりも良い性能となりました。

例2-17　交互作用特徴量を使った予測の例

```
>>> from sklearn import linear_model
>>> from sklearn.model_selection import train_test_split
>>> import sklearn.preprocessing as preproc

# df は Online News Popularity データセットの入った Pandas DataFrame とする
>>> df.columns
Index(['url', 'timedelta', 'n_tokens_title', 'n_tokens_content',
       'n_unique_tokens', 'n_non_stop_words', 'n_non_stop_unique_tokens',
       'num_hrefs', 'num_self_hrefs', 'num_imgs', 'num_videos',
       'average_token_length', 'num_keywords', 'data_channel_is_lifestyle',
       'data_channel_is_entertainment', 'data_channel_is_bus',
       'data_channel_is_socmed', 'data_channel_is_tech',
       'data_channel_is_world', 'kw_min_min', 'kw_max_min', 'kw_avg_min',
       'kw_min_max', 'kw_max_max', 'kw_avg_max', 'kw_min_avg', 'kw_max_avg',
       'kw_avg_avg', 'self_reference_min_shares', 'self_reference_max_shares',
       'self_reference_avg_sharess', 'weekday_is_monday', 'weekday_is_tuesday',
       'weekday_is_wednesday', 'weekday_is_thursday', 'weekday_is_friday',
       'weekday_is_saturday', 'weekday_is_sunday', 'is_weekend', 'LDA_00',
       'LDA_01', 'LDA_02', 'LDA_03', 'LDA_04', 'global_subjectivity',
       'global_sentiment_polarity', 'global_rate_positive_words',
       'global_rate_negative_words', 'rate_positive_words',
       'rate_negative_words', 'avg_positive_polarity', 'min_positive_polarity',
       'max_positive_polarity', 'avg_negative_polarity',
       'min_negative_polarity', 'max_negative_polarity', 'title_subjectivity',
       'title_sentiment_polarity', 'abs_title_subjectivity',
       'abs_title_sentiment_polarity', 'shares'],
      dtype='object')

# ニュースの内容に関する特徴量だけを選択する（派生特徴量は除く）
>>> features = ['n_tokens_title', 'n_tokens_content',
...             'n_unique_tokens', 'n_non_stop_words', 'n_non_stop_unique_tokens',
...             'num_hrefs', 'num_self_hrefs', 'num_imgs', 'num_videos',
...             'average_token_length', 'num_keywords', 'data_channel_is_lifestyle',
...             'data_channel_is_entertainment', 'data_channel_is_bus',
...             'data_channel_is_socmed', 'data_channel_is_tech',
...             'data_channel_is_world']

>>> X = df[features]
>>> y = df[['shares']]

# ペアワイズ交互作用特徴量を作成する。定数項（bias）は含めない
>>> X2 = preproc.PolynomialFeatures(include_bias=False).fit_transform(X)
>>> X2.shape
(39644, 170)

# 両方の特徴量セットを訓練データとテストデータに分ける
>>> X1_train, X1_test, X2_train, X2_test, y_train, y_test = \
...     train_test_split(X, X2, y, test_size=0.3, random_state=123)

>>> def evaluate_feature(X_train, X_test, y_train, y_test):
...     """
...     訓練データに対して線形回帰モデルを適合し
```

```
...         テストデータに対してスコアを算出する
...         """
...         model = linear_model.LinearRegression().fit(X_train, y_train)
...         r_score = model.score(X_test, y_test)
...         return (model, r_score)

# それぞれの特徴量に対してモデルを学習し、テストスコアを算出する
>>> (m1, r1) = evaluate_feature(X1_train, X1_test, y_train, y_test)
>>> (m2, r2) = evaluate_feature(X2_train, X2_test, y_train, y_test)
>>> print("R-squared score with singleton features: %0.5f" % r1)
>>> print("R-squared score with pairwise features: %0.10f" % r2)
R-squared score with singleton features: 0.00924
R-squared score with pairwise features: 0.0113276523
```

交互作用特徴量を作成するのは簡単ですが、モデルの学習コストは増大します。例えば、元の特徴量が n 個ある場合、ペアワイズ交互作用特徴量は n^2 個作成されます。その結果、線形モデルの学習時間とテストスコア算出時間は $O(n)$ から $O(n^2)$ に増大します。

交互作用特徴量を利用する際に計算時間の増大を回避する方法がいくつかあります。1つは交互作用特徴量に対して特徴選択を実行することです。また、手作業で複合的な特徴量を注意深く作ることで特徴量の数を抑える方法もあります。

ただし、どちらの戦略にもメリットとデメリットがあります。特徴選択は問題に適した特徴量を自動的に選択する手法です。これは交互作用特徴量に限らず多数の特徴量を少数に絞るために使えます。しかし、特徴選択の手法には特徴量の数が大きいままモデルを何度も学習しなければならないものもあります。

手作業で作られた特徴量は、表現力が高くなり、特徴量の数を少なく抑えることができます[†16]。したがって、モデルの学習時間が削減できます。しかし、特徴量自体の計算に時間がかかるため、テストスコアを算出するための計算コストが増大します。8章に手作業で作られた複合的な特徴量の良い例があります。

次は、特徴選択について見ていきましょう。

2.6　特徴選択

特徴選択 (feature selection) は有用でない特徴量を取り除くことでモデルの複雑さを軽減する手法です。これは予測精度をなるべく悪化させずに計算速度の速い簡潔なモデルを手に入れるために使われます。そのために、特徴選択の手法の中には複数の候補モデルを学習するものもあります。つまり、特徴選択は学習時間を削減するとは限りません。実際、いくつかの手法は全体の学習時間を増加させます。ただし、R^2 スコアなどのテストスコアの算出時間は削減されます。

---

†16　訳注：手作業で作られた特徴量（handcrafted feature）は、画像処理の分野における用語で、ディープラーニングなどで自動的に学習された特徴量に対して、旧来の HOG や SIFT などで作られた特徴量のことを指します。これらについて 8 章に詳しい説明があります。

大まかには、特徴選択は3つのタイプに分類されます。

フィルタ法

フィルタ法は閾値を使って有用でないと思われる特徴量を除去する手法です。例えば、特徴量とターゲット変数の相関や相互情報量を計算し、閾値より小さければ削除するという方法があります。3章では、テキストデータの特徴量に対してフィルタ法の例を説明します。フィルタ法は次で説明するラッパー法よりも計算コストは、はるかに安価です。しかし、使用するモデルについて考慮しないため、モデルにとって良い特徴量を選んでいるかどうかはわかりません。フィルタ法を使う場合、モデルの学習ステップに入る前に有用な特徴量を誤って削除してしまわないように慎重になる必要があります。

ラッパー法

ラッパー法は特徴量の一部を使って実際にモデルを学習し、精度を調べることでそれらが有用かどうかを判断する手法です。すなわち、モデルを特徴量の品質スコアを算出するためのブラックボックスとして使います。これを何度も繰り返してスコアを改善すれば、品質の高い特徴量を選択できます。ラッパー法は計算コストの大きい手法ですが、実際に学習してみることで、単独では有用でなくても他と組み合わせることで有用となるような特徴量を削除してしまうのを防ぐことができます。

組み込み法

組み込み法はモデルの学習プロセスに特徴選択が組み込まれていることを指します。例えば、決定木の学習プロセスには特徴選択が組み込まれています。これは、決定木の各学習ステップにおいて木を分割するための特徴量が1つずつ選択されていくためです。他にも、ℓ^1正則化項は線形モデルの目的関数に加えることで多数の特徴量から一部だけを使うように学習します（スパース制約とも呼ばれます）。組み込み法はラッパー法よりも結果の品質は劣りますが、計算コストを抑えることができます。また、フィルタ法と比べて、組み込み法はモデルに適した特徴量を選択します。この意味で、組み込み法は計算コストと結果の品質のバランスの良い手法です。

特徴選択の詳細については本書の範囲を超えます。詳しくは［Guyon & Elisseeff, 2003］を参照してください。

2.7 まとめ

この章では、数値データに対する特徴量エンジニアリング手法として、二値化、離散化、スケーリング（正規化）、対数変換、交互作用特徴量を紹介しました。また、特徴量数の増大に対処するための特徴選択について簡単にまとめました。統計的機械学習では、すべてのデータは最終的に数

値特徴量になります。したがって、すべての道は数値に対する特徴量エンジニアリングにつながっています。この章で学んだことは最後まで役に立つでしょう。

2.8　参考文献

- Bertin-Mahieux, Thierry, Daniel P.W. Ellis, Brian Whitman, and Paul Lamere. "The Million Song Dataset." Proceedings of the 12th International Society for Music Information Retrieval Conference (2011): 591-596.
- Fernandes, K., P. Vinagre, and P. Cortez. "A Proactive Intelligent Decision Support System for Predicting the Popularity of Online News." Proceedings of the 17th Portuguese Conference on Artificial Intelligence (2015): 535-546.
- Guyon, Isabell, and Andre Elisseeff. "An Introduction to Variable and Feature Selection." Journal of Machine Learning Research Special Issue on Variable and Feature Selection 3 (2003): 1157-1182.
- Johnston, Jack, and John DiNardo. "Econometric Methods. 4th ed." New York: McGraw Hill, 1997.

3章
テキストデータの取り扱い

次のテキストを解析するアルゴリズムを設計するにはどうすればいいでしょうか?

Emma knocked on the door. No answer. She knocked again and waited. There was a large maple tree next to the house. Emma looked up the tree and saw a giant raven perched at the treetop. Under the afternoon sun, the raven gleamed magnificently. Its beak was hard and pointed, its claws sharp and strong. It looked regal and imposing. It reigned the tree it stood on. The raven was looking straight at Emma with its beady black eyes. Emma felt slightly intimidated. She took a step back from the door and tentatively said, "Hello?"

(訳) エマはドアをノックした。返事はない。彼女はもう一度ノックして待った。その家の隣には大きな楓の木があった。エマがその木を見上げると、こずえに1羽の大きなカラスを見つけた。西日に照らされ、そのカラスは美しく輝いて見えた。その口ばしは硬く尖り、その爪は鋭く力強かった。カラスには威厳と存在感があった。その木を支配してさえいた。カラスは丸く輝く黒い瞳でエマを見つめた。エマは少し怖くなった。しかし彼女はドアから一歩下がり「こんにちは」と言ってみた。

この文章にはたくさんの情報が含まれています。そこにはエマ (Emma) という女性と1羽のカラス (raven) がいます。家と木があり、エマは家に入ろうとしますが、木の上にカラスを見つけます。そのカラスは美しく、エマのことを見つめます。エマは少し怖く思いますがコミュニケーションを取ろうとします。

さて、このテキストから何を特徴として抽出すべきでしょうか? まずメインキャラクター (Emmaとraven) を抽出してみるのが良さそうです。次に、舞台として描かれている、家 (house)、ドア (door)、木 (tree) を抽出すると良いかもしれません。カラスについての描写を抽出するのはどうでしょうか? エマの行動 (ドアをノックする。一歩下がる。「こんにちは」を言う) はどうでしょうか?

この章では、テキストに対する特徴量エンジニアリングの基礎を説明します。まずは、テキストを特徴量に変換する方法として、テキストを単語の出現回数で表現する**Bag-of-Words**について説明します。次にその特徴量から有用なものだけを取り出す方法を学びます。また、Bag-of-Wordsに強く関連する変換に**TF-IDF**があります。TF-IDFについては次の章で詳しく説明します。

3.1　Bag-of-X：テキストを数値ベクトルで表現する

　機械学習モデルと特徴量はシンプルで解釈しやすいものが望ましいと言えます。シンプルであれば試行錯誤しやすく、解釈しやすければ問題が起こったときに原因を特定しやすいためです。シンプルで解釈しやすい特徴量は必ずしも精度の良い結果に繋がるわけではありません。しかし、まずはシンプルに始めてみて、必要になったら少しずつ複雑にしていくのは良いアプローチです。

　テキストデータを数値の特徴量として表現する方法にBag-of-Wordsがあります。これは、テキスト中にどの単語が何回含まれるかという頻度情報のベクトルです。先ほどは、テキストから抽出すべき特徴はメインキャラクターの"Emma"や"raven"のような重要な単語であるべきと考えました。Bag-of-Wordsは単にテキスト中の単語をカウントするだけで、その単語がメインキャラクターの名前かどうかを全く気にしません。しかし、重要な単語はテキスト中で繰り返し用いられるため、テキスト中に何度も現れる"Emma"と"raven"が、"Hello"のような1度しか現れない単語よりも重要であることがわかります。単語の出現回数は、テキスト分類のようなシンプルなタスクにおいて十分な効力を発揮します。また、これは情報検索でも有効です。情報検索は、テキストクエリが入力として与えられたときに、関連のある文書セットを見つけ出すというタスクです。どちらのタスクでも単語の出現回数という特徴量がうまく機能します。これは、テキストに特定の単語が含まれるかどうかが、テキストの内容と強く関連するためです。

3.1.1　Bag-of-Words

　Bag-of-Words（BoW）はテキスト文書を単語の出現回数のベクトルで表現したものです。テキストデータセット中に現れる全ての単語を集めたものを語彙（vocabulary）と呼びます。BoWベクトルは、語彙中の全ての単語に対して、テキスト中にその単語が出現した回数を並べたものです。したがって、語彙がn個の単語からなる場合、BoWベクトルはn次元の特徴ベクトルになります。例えば、テキストに単語"aardvark"[†1]が3回現れたら、特徴ベクトルのその単語に対応する要素の値は3となります。単語がテキスト中に現れない場合、対応する要素の値は0になります。例として、テキスト"it is a puppy and it is extremely cute"をBoWで表現したものを図3-1に示します。

[†1] 訳注：aardvarkは英語でツチブタのこと。アリやシロアリを食べる夜行性の動物。

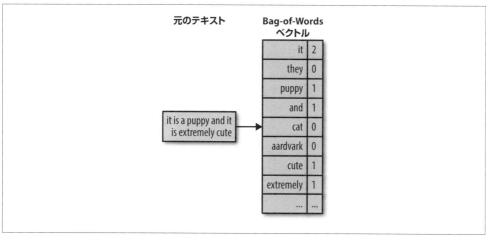

図3-1　テキストデータをBag-of-Words表現に変換する

　Bag-of-Wordsはテキスト文書を平坦なベクトルに変換します。ここで「平坦な」という言葉を用いたのは、元のテキストの構造を保持しないためです。文章は単語を一列に並べたものであり、単語がどの順番で並んでいるかは重要です。しかし、Bag-of-Wordsでは単語の順序は保持されず、テキスト中に単語が何回現れたかだけを記憶します。したがって、**図3-2**に示すように、ベクトル中で単語がどの順番で並んでいるかに意味はありません。一方、単語の並び順はデータセット中のすべての文書に対して一貫して同じである必要があります。また、Bag-of-Wordsは単語の階層の概念を表現しません。例えば、「動物」という概念は「犬」、「猫」、「カラス」などを含みます。しかし、Bag-of-Words表現では、これらの単語はベクトルの要素として同じ階層に属します。

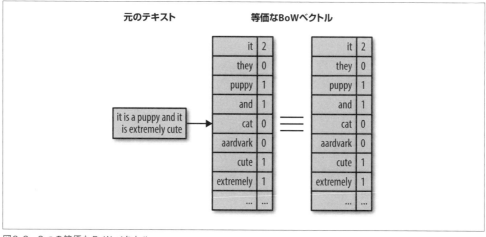

図3-2　2つの等価なBoWベクトル

理解を深めるために、特徴空間においてデータがどのように表されるかを見てみましょう。Bag-of-Wordsベクトルでは、語彙中の単語はベクトルの次元に対応します。語彙にn個の単語がある場合、1つの文書はn次元空間の1点になります[†2]。4次元以上のベクトル空間を可視化するのは困難なので、想像力を働かせる必要があります。図3-3に"puppy"と"cute"の2つの単語からなる2次元の特徴空間において、テキストがどのように表されるかを示します。

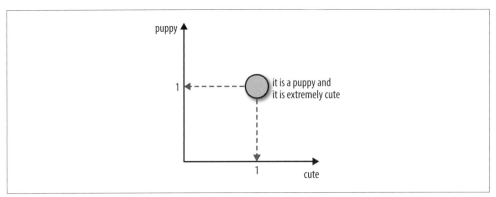

図3-3　2次元の特徴空間におけるテキスト

図3-4に単語"puppy"、"extremely"、"cute"を軸とする3次元空間上で3つの文章がどのように表されるかを示します。

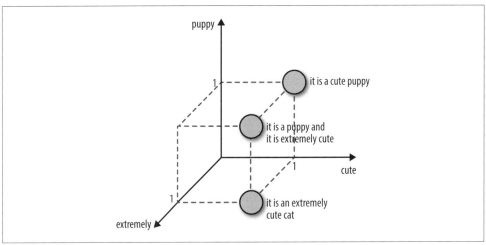

図3-4　3次元特徴空間上の3つの文章

[†2] これは「文書ベクトル」とも呼ばれます。このベクトルは原点からデータ点までの矢印で表されます。ここでは「ベクトル」と「点」は同じものを指しています。

これらの図は特徴空間におけるデータ点を表したものです。各軸はBag-of-Words表現における特徴量（単語）を表し、特徴空間の点はデータ点（文書）を表します。

さらに、**データ空間**における**データベクトル**について考えましょう。データベクトルは特定の特徴量に注目したときの各データ点の値からなるベクトルです。データ空間の軸はデータ点（文書）を表し、点はデータベクトル（単語）を表します。**図3-5**に例を示します。これは、単語に対する"Bag-of-Documents"表現とも言えます。**4章**で説明するように、Bag-of-Documents表現はBag-of-Words表現の転置行列になります。

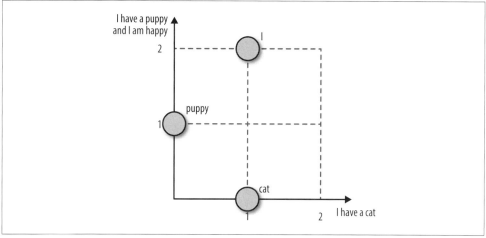

図3-5　データ空間におけるデータベクトル

Bag-of-Words表現はテキストの内容を完全に表すものではありません。文章を単語に分解することで失われる情報があります。例えば、"not bad"は"decent"や"good"と意味としては同じ[3]ですが、"not"と"bad"に分解されることでその意味は失われます。また、"toy dog"（おもちゃの犬）と"dog toy"（犬用のおもちゃ）は全く別のものですが[4]、単語に分解すると同じものとして扱われます。このような例はいくらでも出せます。Bag-of-Wordsはシンプルで強力な表現方法ですが、テキストの意味を正しく理解したい場合にはあまり役に立たないでしょう。次に紹介するBag-of-n-Gramsは、根本的な解決ではありませんが、このような問題を緩和します。

---

[3] 特にイギリス英語においては。
[4] 犬のおもちゃの中には、おもちゃの犬もあるかもしれません。

3.1.2 Bag-of-n-Grams

Bag-of-n-Grams は Bag-of-Words の自然な拡張です。n グラム（n-gram）は n 個の連続したトークン[†5]からなる配列です。単語は n グラムの $n=1$ の場合と考えることができ、**ユニグラム (unigram)** とも呼ばれます。トークン化のあと、個々のトークンの数をカウントすると単語数となり、n 個の連続したトークンの数をカウントすると n グラム数となります。n グラムをカウントするときは、トークンの重複を許します。例えば、"Emma knocked on the door" という文章は "Emma knocked"、"knocked on"、"on the"、"the door" の 4 つの n グラム（$n=2$）を生成します。

n グラムはテキストの順序構造を部分的に保持します。したがって、Bag-of-n-Grams は Bag-of-Words より情報量の多い表現です。一方、その取り扱いコストは大きくなります。理論的には k 個の単語に対して最大で k^2 個の**バイグラム（bigram）**が生成できます[†6]。実際には、全ての単語の組み合わせが文章中に現れることはありませんが、単語数に比べて n グラム（$n>1$）の数は非常に多くなります。これは Bag-of-n-Grams の作る特徴空間が非常に大きくスパースになることを意味します。Bag-of-n-Grams は n が大きいほど含まれる情報は豊富になりますが、特徴量の保存やモデリングにかかるコストが増大することに注意が必要です。

n が増えると n グラムの数がどのように増加するかを**図3-6**に示します。**例3-1**に、Yelp レビューデータセット（http://www.yelp.com/dataset_challenge）を使って n グラムを作成するコードを示します。ここでは、最初の 10,000 件のレビューの n グラムを scikit-learn の `CountVectorizer` によって作成しています。

例3-1　n グラムの作成

```
>>> import pandas
>>> import json
>>> from sklearn.feature_extraction.text import CountVectorizer

# 最初の10,000件のレビューを読み込む
>>> with open('data/yelp/yelp_academic_dataset_review.json') as f:
...     js = []
...     for i in range(10000):
...         js.append(json.loads(f.readline()))
>>> review_df = pd.DataFrame(js)

# scikit-learn の CountVectorizer を使ってユニグラム（BoW）、
# バイグラム、トライグラムの特徴量変換器を作成する。
# CountVectorizer はデフォルトでは1文字の単語を無視するが、
# これは意味のない単語を除外するため実用的である。
# ただしここでは全ての単語を含むように設定している。
```

[†5] 訳注：トークンについては「3.3 言葉の最小単位：単語から n グラム、そしてフレーズへ」で説明されます。ここではトークンと単語は同じものという理解で十分です。

[†6] 訳注：n グラムの $n=1$ の場合を、特別にユニグラムと呼ぶことが前述されています。これと同様に $n=2$ の場合をバイグラム、$n=3$ の場合をトライグラムと呼びます。

```
>>> bow_converter = CountVectorizer(token_pattern='(?u)\\b\\w+\\b')
>>> bigram_converter = CountVectorizer(ngram_range=(2,2),
...                                    token_pattern='(?u)\\b\\w+\\b')
>>> trigram_converter = CountVectorizer(ngram_range=(3,3),
...                                     token_pattern='(?u)\\b\\w+\\b')

# 変換器を適用し語彙数を確認する
>>> bow_converter.fit(review_df['text'])
>>> words = bow_converter.get_feature_names()
>>> bigram_converter.fit(review_df['text'])
>>> bigrams = bigram_converter.get_feature_names()
>>> trigram_converter.fit(review_df['text'])
>>> trigrams = trigram_converter.get_feature_names()
>>> print(len(words), len(bigrams), len(trigrams))
26047 346301 847545

# n グラムを確認する
>>> words[:10]
['0', '00', '000', '0002', '00am', '00ish', '00pm', '01', '01am', '02']

>>> bigrams[-10:]
['zucchinis at',
 'zucchinis took',
 'zucchinis we',
 'zuma over',
 'zuppa di',
 'zuppa toscana',
 'zuppe di',
 'zurich and',
 'zz top',
 'a la']

>>> trigrams[:10]
['0 10 definitely',
 '0 2 also',
 '0 25 per',
 '0 3 miles',
 '0 30 a',
 '0 30 everything',
 '0 30 lb',
 '0 35 tip',
 '0 5 curry',
 '0 5 pork']
```

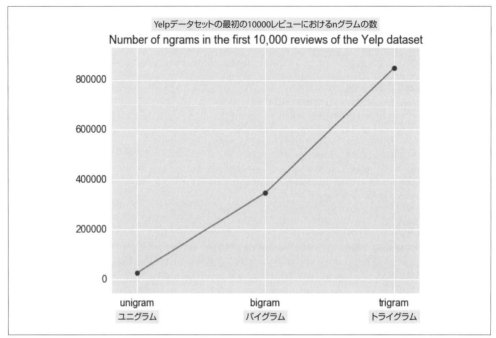

図3-6　Yelpデータセットの最初の10,000レビューに対するnグラムの数

3.2　特徴選択のための単語除去

　Bag-of-Wordsは文章中に含まれる単語を元に特徴量を生成しますが、全ての単語が有用な特徴量となるわけではありません。そこで、特徴量の数を削減するために、有用な特徴量になりそうにない単語をあらかじめ削除するという方法が取られます。これは「2.6 特徴選択」で説明したフィルタ法にあたります。ここでは単語から作られる特徴量に対するフィルタ法について説明します。「3.3 言葉の最小単位：単語からnグラム、そしてフレーズへ」で説明するフレーズ検出は、主にバイグラムに対するフィルタ法として使われます。

3.2.1　ストップワードによる単語除去

　テキスト分類や情報検索などのタスクでは、文章に対する深い理解を必要としません。そのため、代名詞、冠詞、前置詞のような、文章の内容によらず一般的に使われる単語を特徴量に加えることにあまり意味はありません。例えば、"Emma knocked on the door" という文章の中で、単語 "on" と "the" は、この文章が人とドアについてのものであるという事実を変えません。した

がって、これらの単語から特徴量を作成しても結果の精度に貢献しないでしょう[†7]。このような単語はストップワード（stopword）と呼ばれ、処理の対象外とするのが一般的です。

Pythonの有名な自然言語処理パッケージNLTK（http://www.nltk.org/）には、さまざまな言語に対して言語学者が定義したストップワードが含まれています[†8]。また、ウェブ上にもさまざまなストップワードのリストを見つけることができます。例として、英語のストップワードをいくつか示します。

    a, about, above, am, an, been, didn't, couldn't, i'd, i'll, itself,
    let's, myself, our, they, through, when's, whom, ...

このリストに含まれるストップワードは、アポストロフィ（'）を含み、全て小文字で統一されていることに注意が必要です。もしトークン化でアポストロフィを区切り文字として使用していた場合、このリストをそのまま利用することはできません。また、ストップワードかどうかを判定するコードを書くときに、大文字と小文字を区別していると、I'dやI'llがストップワードとして認識されません。ストップワードのリストを利用するには、これらの事項を前もって確認しておく必要があります。

3.2.2 頻度に基づく単語除去

ここでは頻度に基づく単語除去について説明します。

3.2.2.1 頻出単語の除去

ストップワードを除去することで、不要と思われる特徴量の生成を抑えることができます。しかし、ストップワードのリストは汎用性を目的として作成されているため、特定のコーパス[†9]が持つ事情をうまく捉えられません。例えば、New York Times Annotated Corpusデータセット（https://catalog.ldc.upenn.edu/LDC2008T19）では"New York Times"というフレーズが文書の内容と関係なく頻繁に現れるため、これら3つの単語から生成された特徴量はノイズとなります。同様に、カナダ議会での発言を集めたHansardコーパス[†10]（http://www.hansard-corpus.org/）では"House of Commons"（庶民院）という言葉が頻出するため"house"という単語は特徴量にすべきではありません。このように、通常は有用な単語でも、特定のコーパスでは有用でない単語が存在します。このような単語を見つけ出すために頻度情報が利用できます。

単語の出現頻度を調べることで、コーパスに特有の除去すべき単語を浮き彫りにできます。例と

[†7] 感情分析（sentiment analysis）のような、文章の持つ意味をきめ細かく汲み取る必要があるタスクでは、状況が異なるため注意が必要です。
[†8] 全ての機能を利用するには、NLTKをインストールしたあとで`nltk.download()`を実行する必要があります。
[†9] 訳注：コーパス（corpus）は自然言語処理の用語で、解析対象となる文書全体のことを指します。ここではテキストデータセットと同じ意味と考えて問題ありません。
[†10] このコーパスには全ての文書に英語版とフランス語版が含まれるため、統計的機械翻訳の分野でよく使われます。

して、**表3-1**にYelpレビューデータセットにおける頻出単語の上位40個を示します。この表では、単語に対してその単語が出現する文書（レビュー）の数を示しています。見てわかるように、この表には多くのストップワードが含まれます。そして、この表のストップワード以外の単語が、コーパスに特有の除去すべき単語です。ただしいくつか注意点があります。この表には "s" と "t" が含まれています。これは、トークン化の際に指定する区切り文字にアポストロフィを含んでいたためです。そのため、"Mary's" や "didn't" のような単語が "Mary s" や "didn t" としてトークン化されています。また、"good"、"food"、"great" はおよそ3分の1のレビューに含まれますが、感情分析やカテゴリ分類のタスクに非常に有用なので残したほうが良いでしょう。

表3-1　Yelpレビューデータセットにおける頻出単語の上位40個

順位	単語	文書数	順位	単語	文書数
1	the	1416058	21	t	684049
2	and	1381324	22	not	649824
3	a	1263126	23	s	626764
4	i	1230214	24	had	620284
5	to	1196238	25	so	608061
6	it	1027835	26	place	601918
7	of	1025638	27	good	598393
8	for	993430	28	at	596317
9	is	988547	29	are	585548
10	in	961518	30	food	562332
11	was	929703	31	be	543588
12	this	844824	32	we	537133
13	but	822313	33	great	520634
14	my	786595	34	were	516685
15	that	777045	35	there	510897
16	with	775044	36	here	481542
17	on	735419	37	all	478490
18	they	720994	38	if	475175
19	you	701015	39	very	460796
20	have	692749	40	out	460452

　頻度に基づく単語除去は実用的で役に立ちますが、使用する際には上位何個までを除去するかを決める必要があります。これを決めるのは難しい問題であり、ほとんどの場合は自動で決定する方法はありません。また、データセットが変わると再検討する必要があります。

3.2.2.2　レアな単語の取り扱い

　タスクによっては、レアな単語（rare word）を除去する必要があるかもしれません。レアな単語とは、出現頻度の低い単語のことです。これは本当に使用頻度が少ない単語の場合もあれば、単なるスペルミスの場合もあります。機械学習モデルにとって、1つか2つの文書にしか現れない単語はノイズでしかありません。例えば、Yelpデータセットにおいて、レビューに基づいて店舗のカ

テゴリを分類するタスクを考えます。1つのレビューに"gobbledygook"[11]という単語が含まれていたとき、この単語に基づいて、店舗をレストラン、美容室、バーのどれかに分類できるでしょうか？ もし、この場合はバーが正解だったとしても、"gobbledygook"という単語を含む他のレビューをバーに分類するのは間違いでしょう。

　レアな単語が実際のデータセットにどれくらい存在するかを確認してみましょう。Yelpデータセットには約160万件のレビュー文書が含まれます。これをスペースと句読点を区切り文字としてトークン化すると、単語数（語彙数）は357,481個になります。このうち、1つの文書にしか登場しない単語は189,915個、2つの文書にしか登場しない単語は41,162個でした。合計すると語彙の60%以上がレアな単語です[12]。これらを特徴量として加えた場合、精度に貢献しないばかりか、学習時間も大幅に増加してしまいます。レアな単語は除去した方が良いでしょう。

　レアな単語は除去する他に、まとめて1つの特徴量として扱うこともできます。図3-7に例を示します。この図では、"gobbledygook"と"zylophant"という2つのレアな単語が含まれるテキストをBag-of-Wordsに変換しています。その際、レアな単語を1つにまとめてGARBAGEという名前の特徴量としています。それ以外の単語は普通にカウントされます。この方法はストップワードや頻度に基づく単語除去と問題なく組み合わせて使用できます。注意点として、コーパス全体のカウント処理が終わるまでどれがレアな単語なのかわからないため、GARBAGE特徴量を作成する前に普通のBag-of-Wordsを完成させる必要があります。

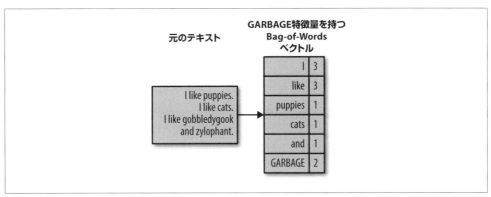

図3-7　GARBAGE特徴量を利用したBag-of-Words表現

　本書のテーマは特徴量エンジニアリングなので、特徴量（単語）にフォーカスしていますが、一方でデータ点にも同様のものが存在します。例えば、Wikipediaダンプデータ（https://

---

[11] 訳注：gobbledygookは英語で「難解なお役所言葉、大げさでまわりくどい表現」という意味です。
[12] 単語を含む文書数に対してヒストグラムを描くと、2章で解説したように、裾の重い分布になります。実世界のデータを扱う際には、裾の重い分布がよく現れます。

dumps.wikimedia.org/）には不完全なスタブ[13]が多く含まれます。テキスト文書が非常に短い場合、有益な情報を含まないため、学習モデルにとってノイズとなります。そのため、短い文書は学習データから取り除いた方が良いでしょう。ただし、ツイートのようにもともと短いテキストに対しては、特徴量生成とモデリングに別の手法を使う必要があります。

3.2.3 ステミング（語幹処理）

トークン化された単語をそのまま使うと、同じ単語の変化形が別の単語としてカウントされてしまうという問題があります。例えば、"flower" と "flowers" は単数形か複数形かの違いだけなのに、別の単語としてカウントされます。また、"swimmer"、"swimming"、"swim" は非常に意味が近いのに異なる単語として識別されます。このような変化形を同じ単語として認識するにはどうすればいいでしょうか？

ステミング（stemming）は、単語を語幹[14]の形に変換する自然言語処理の技術です。これを行うさまざまなアプローチが提案されています。言語学的なルールに基づくものもあれば、統計量に基づくものもあります。アルゴリズムの中には、品詞タグ付けと見出し語化（lemmatization）と呼ばれる言語学的ルールが組み込まれているものもあります。

ほとんどのステミングツールは英語にのみ対応しています（英語以外への対応も少しずつ進んでいます）。英語に対するステミングを行うフリーツールとして最も広く使われているのが Porter Stemmer (http://tartarus.org/martin/PorterStemmer/) です。このプログラムは C 言語で書かれていますが、他のプログラミング言語からこのツールを使うためのラッパーが多数存在します。

Python の NLTK パッケージを使って Porter Stemmer を実行するコードを示します。Porter Stemmer のアルゴリズムは多くの単語に対してステミングを正しく行いますが、完璧ではありません。例えば、"goes" を "goe" に変換する一方で "go" は元のままです。

```
>>> import nltk
>>> stemmer = nltk.stem.porter.PorterStemmer()
>>> stemmer.stem('flowers')
u'flower'
>>> stemmer.stem('zeroes')
u'zero'
>>> stemmer.stem('stemmer')
u'stem'
>>> stemmer.stem('sixties')
u'sixti'
>>> stemmer.stem('sixty')
u'sixty'
>>> stemmer.stem('goes')
```

---

[13] 訳注：スタブ（stub）は主題に対する説明が不十分な項目のことです。　https://ja.wikipedia.org/wiki/Wikipedia:スタブ

[14] 訳注：語幹（word stem）は、単語の語形変化における基礎となる部分のことを指します。

```
u'goe'
>>> stemmer.stem('go')
u'go'
```

ステミングには計算コストがかかります。このコストが利益を上回るかどうかはタスクによります。また、ステミングを行うことで本当は異なる単語を同じにしてしまうというデメリットもあります。例えば、"new" と "news" は本来異なる意味を持ちますが、ステミングを行うとどちらも "new" にまとめられてしまいます。同様の例はたくさんあります。これらの理由からステミングは必ず行われるわけではありません。

3.3 言葉の最小単位：単語からnグラム、そしてフレーズへ

ここではnグラムに対する特徴選択のフィルタ法としてコロケーション抽出について説明します。ここまではトークンという言葉を曖昧なまま使ってきましたが、nグラムについての理解を正確にするために、トークンについて正式に説明します。トークンは、生データから単語を抽出するまでのプロセスにおいて、中間生成物として出てくる概念です。したがって、まずはこのプロセスを眺めることにしましょう。

3.3.1 パース処理とトークン化

テキストデータはコンピュータ上では単なる文字列であり、ここから単語やnグラムを抽出するまでには長い道のりがあります。機械学習プロジェクトにおいて、生データはJSONやHTMLページのような半構造データとして与えられるかもしれません。例えば、生データがウェブページの場合、テキストにはHTMLタグが含まれます。また、電子メールにはFrom、To、Subjectなどのヘッダフィールドが含まれます。これをそのまま取り扱うと、HTMLタグやヘッダ情報に含まれる単語もカウントされてしまいます。したがって、テキストデータから本当に解析対象としたい文章のみを文字列として抽出する必要があります。この処理を**パース**（parsing）と呼びます。パース処理を行うことでテキストデータから不要な構造が取り除かれ、文章だけを含むようになります。

パース処理によって抽出された文章はトークンの配列に変換されます。この処理を**トークン化**（tokenization）と呼びます。トークンとは、文章の中でひとまとまりの意味をもつ文字列のことであり、通常は単語のことです。文章中の単語を見分けるのは人間にとって簡単です。しかし、コンピュータにとって文章は単なる文字列オブジェクトにすぎません。したがって、文章中から単語を抽出するルールを教える必要があります。通常、このルールとして、文章中で単語の境界となる**区切り文字**（delimiter）を定めるだけで十分です。区切り文字がわかれば、プログラムは文章を単語に分解できます。普通の英語の場合、単語と単語を分ける境界は空白文字と句読点です。したがってこれらを区切り文字として指定するのが適切です。区切り文字に何を含めるかによって、トーク

ン化の結果が変わることに注意してください。テキストにツイートが含まれている場合、ハッシュマーク（#）は区切り文字として使用するべきではありません。

トークンの配列は単語やnグラムに変換されます。トークンをそのまま単語と考えることもできれば、ステミングなどの処理を挟むこともできます。nグラムは連続したn個のトークンの配列です。nグラムの抽出が目的である場合、トークン化の処理を文書ごとでなく文章ごとに行う必要があります。これは、文章の境界を超えてnグラムを作りたくないからです。また、word2vecのような高度な特徴量生成法は、文章ごとだけでなく段落ごとに適用されることもあります。

文字列オブジェクトの文字コードに注意

コンピュータ上で文字列を扱う際には、ASCIIやUnicodeなどの文字コードに注意する必要があります。普通の英語のテキストはASCIIでエンコードできますが、英語以外のほとんどの言語ではUnicodeが必要です。テキストがASCII以外の文字コードでエンコードされている場合、正しくトークン化を行うためには、トークナイザがその文字コードを処理できる必要があります。

3.3.2　フレーズ検出のためのコロケーション抽出

nグラムから生成される特徴量の数を抑えるために、フレーズ検出が役立ちます。フレーズとは単語の集まりのことであり、nグラムのうち有用なフレーズだけを残すことで特徴量の数を削減できます。自然言語処理の分野では、有用なフレーズのことを**コロケーション**（collocation）と呼びます。コロケーションは［Manning & Schutze, 1999:151］では次のように定義されています。

> コロケーションとは、物事について言及するための慣用的な方法に対応する2つ以上の単語からなる表現である。

コロケーションは単なる単語の組み合わせ以上の意味を持つフレーズです。例えば、"strong tea"（濃いお茶）は"strong"（力強い）と"tea"（お茶）を組み合わせた意味とは異なります。したがって"strong tea"はコロケーションです。一方、"cute puppy"（かわいい犬）は"cute"（かわいい）と"puppy"（犬）をちょうど組み合わせた意味になるためコロケーションではありません。

コロケーションは定義上、連続した単語だけを指すものではありません。例えば、"Emma knocked on the door"という文章において"knock door"はコロケーションです。したがって、すべてのコロケーションはnグラムというわけではありません。

コロケーションから生成された特徴量は有用である可能性が高くなります。では、どうすればテキストからコロケーションを抽出できるのでしょうか？ 一つは、コロケーションのリストを手作業で作成する方法が考えられます。これは非常に手間がかかりますが、コーパスがドメインに特化しており難解な用語を含んでいる場合には有効です。しかし、コーパスが頻繁に更新される場合、手作業によるリストの更新作業が頻繁に発生してしまいます。したがって、ツイート、ブログ、

ニュース記事などに対しては、このアプローチは現実的ではありません。

この20年間で統計的自然言語処理の技術が発達し、コロケーション抽出のための統計的手法が開発されました。これにより、コロケーションのリストを手作業で用意しなくても、頻繁に更新されるデータに対してコロケーション抽出ができます。

3.3.2.1 頻度に基づく方法

単純なコロケーション抽出法として、頻度を用いる方法が考えられます。これは、テキストに頻繁に現れる n グラムは有用なフレーズであるという考え方です。しかし、実際には頻繁に現れるものは必ずしも有用とは言えません。**表3-2** に Yelp データセットにおける頻度の高いバイグラムを示します。見ての通り、上位10個のバイグラムは、フレーズとしてほとんど意味を持ちません。

表3-2 Yelpデータセットで頻度の高いバイグラム

バイグラム	文書数
of the	450,849
and the	426,346
in the	397,821
it was	396,713
this place	344,800
it s	341,090
and i	332,415
on the	325,044
i was	285,012
for the	276,946

3.3.2.2 仮説検定を用いたコロケーション抽出

頻度によるコロケーション抽出はうまくいきませんでした。意味のあるフレーズを抽出するためには統計的な手法を使う必要があります。鍵となるアイデアは、2つの単語が連続して現れるのが偶然よりも多いかどうかを判定することです。この判定のために**仮説検定**（hypothesis test）を用います。

仮説検定はデータの統計量に基づいて、質問に「はい」か「いいえ」で答える手法です。そのために、観測されたデータは確率分布から抽出されたという仮定をおきます。ただし、確率的な手法なので、得られる答えは100％正しいとは言えません。これはデータがたまたま外れ値だったという可能性を否定できないためです。仮説検定によって得られる答えには確率が含まれます。例えば、仮説検定の結果は「2つのデータセットが同じ分布から抽出された確率は95％である」のようになります。仮説検定のやさしい入門として、Khan Academy のチュートリアル（http://bit.ly/2G3bNIF）をお勧めします。

仮説検定を用いたコロケーション抽出には多くの手法が提案されています。現在最も利用されているのは、尤度比検定に基づく手法［Dunning, 1993］です。この手法では、与えられた単語のペ

アに対して、観測データ上で次の仮説を検定します。

- 仮説1（帰無仮説）：単語1は単語2とは独立して現れる
- 仮説2（対立仮説）：単語1が現れると単語2が出現する確率は変わる

この仮説を尤度比検定を用いて検定します。これにより次の質問に対する答えが得られます。

「与えられたコーパスにおける観測された単語の出現回数を生成するモデルとして、2つの単語を独立と仮定するモデルと独立でないと仮定するモデルでは、どちらがより確からしいか？」

文章では正確なところが伝わりにくいので数学的に記述してみましょう。数学は正確かつ簡潔に何かを表現する点において偉大です[15]。単語1をw_1、単語2をw_2としたとき、それぞれの仮説は次の式で表されます。

- 帰無仮説（独立）H_{null}：$P(w_2 \mid w_1) = P(w_2 \mid \text{not } w_1)$
- 対立仮説（独立でない）$H_{alternate}$：$P(w_2 \mid w_1) \neq P(w_2 \mid \text{not } w_1)$

この仮説を検定するために、尤度比検定では次の統計量が使われます。

$$\log \lambda = \log \frac{L(\text{Data}; H_{null})}{L(\text{Data}; H_{alternate})}$$

尤度関数$L(\text{Data}; H)$は、仮説Hのもとで、データセットDataが得られる確率を表します。実際にこの確率を計算するには、データ生成モデルについて仮定をおく必要があります。最も簡単なデータ生成モデルは二項モデルです。これは各単語に対してコインを投げ、コインが表ならその単語を挿入し、裏なら別の単語を挿入することでデータが生成されるというモデルです。このモデルでは単語の出現回数は**二項分布**（binomial distribution）に従います。この二項分布のパラメータは、単語の総数、関心のある単語の出現回数、および表が出る確率によって完全に決定されます。

尤度比検定を用いたコロケーション抽出のアルゴリズムを以下に示します。

1. 全ての単語wに対して生起確率$P(w)$を求める
2. 全てのバイグラム(w_1, w_2)に対して条件付き確率$P(w_2 \mid w_1)$を求める
3. 全てのバイグラムに対して対数尤度比$\log \lambda$を求める
4. 対数尤度比に基づいてソートする
5. 対数尤度比の小さいバイグラムをコロケーションとする

---

[15] ただし、理解するには自然言語とは異なる構文解析が必要になるのが欠点です。

尤度比検定を理解する
尤度比検定で比較されるのは確率パラメータそのものではなく、そのパラメータ（および仮定されたデータ生成モデル）の下で観測データが生成される確率です。尤度は統計的機械学習の重要な原理の1つですが、最初に目にしたとき間違いなく脳が痙攣を起こします。しかし、いったんロジックを理解すると直感的だと感じるようになるでしょう。

他にも、自己相互情報量に基づく統計的アプローチがありますが、現実世界のテキストコーパスに常に存在するレアな単語に非常に敏感です。そのため、あまり使用されていないので、ここでは説明しません。

統計的なコロケーション抽出法では、あらかじめ候補となるフレーズのリストを用意しておく必要があります。このリストとしてnグラムを使用するのが最も簡単です。ただし、候補をnグラムに限定すると、"knock door"のような連続しないコロケーションを抽出できません。上記で説明した手法は連続しないコロケーションの抽出にも対応していますが、nグラムに比べて計算コストが大きくなるためあまり行われません。実用上、nグラムとして使われるのはバイグラムかトライグラムまでであり、それ以上を使う人は滅多にいません。長い候補を生成するためには、チャンク化など他の方法が使われます。

3.3.2.3　チャンク化と品詞タグ付け

コロケーション抽出の候補フレーズを作成するためにチャンク化（chunking）を行うこともあります。チャンク化は品詞に基づいてトークンの配列を抽出する手法です。

例えば、カテゴリ分類のタスクでは冠詞や前置詞から特徴量を生成しても精度に貢献しないと考えられます。フレーズに対しても同様のことが言えるため、コロケーション抽出の候補として、名詞句[†16]だけを抽出したいとします。名詞句を見つけるために、トークンに品詞タグを付与し、名詞トークンをその近くにある単語とグループ化します。このグループをチャンク（塊）と呼び、チャンクを作成することをチャンク化と呼びます。トークンに品詞を対応付けるためには言語特有のモデルが必要です。Pythonでは、NLTK、spaCy（https://spacy.io/）、TextBlob（http://textblob.readthedocs.io/ja/dev/）などのライブラリを使って品詞タグ付けとチャンク化を簡単に行うことができます。

Yelpレビューデータセットを使って、品詞タグを使ったチャンク化を行いましょう。例3-2に、spaCyとTextBlobを使って名詞句を抽出するコードを示します。

例3-2　品詞タグ付けとチャンク化
```
>>> import pandas as pd
>>> import json
```

[†16] 訳注：名詞句（noun phrase）は名詞を主要部とする句（フレーズ）のこと。

```python
# 最初の 10 レビューを読み込む
>>> with open('data/yelp/yelp_academic_dataset_review.json') as f:
...     js = []
...     for i in range(10):
...         js.append(json.loads(f.readline()))
>>> review_df = pd.DataFrame(js)

# まずは Spacy を使った方法
>>> import spacy
# 言語モデル（英語）を読み込む
>>> nlp = spacy.load('en')

# spaCy の言語モデルを使ってテキストから Pandas Series を作成する
>>> doc_df = review_df['text'].apply(nlp)

# spaCy は細かい品詞タグを .pos_ で、粗い品詞タグを .tag_ で提供する
>>> for doc in doc_df[4]:
...     print([doc.text, doc.pos_, doc.tag_])
Got VERB VBP
a DET DT
letter NOUN NN
in ADP IN
the DET DT
mail NOUN NN
last ADJ JJ
week NOUN NN
that ADJ WDT
said VERB VBD
Dr. PROPN NNP
Goldberg PROPN NNP
is VERB VBZ
moving VERB VBG
to ADP IN
Arizona PROPN NNP
to PART TO
take VERB VB
a DET DT
new ADJ JJ
position NOUN NN
there ADV RB
in ADP IN
June PROPN NNP
. PUNCT .
  SPACE SP
He PRON PRP
will VERB MD
be VERB VB
missed VERB VBN
very ADV RB
much ADV RB
. PUNCT .

SPACE SP
```

```
I PRON PRP
think VERB VBP
finding VERB VBG
a DET DT
new ADJ JJ
doctor NOUN NN
in ADP IN
NYC PROPN NNP
that ADP IN
you PRON PRP
actually ADV RB
like INTJ UH
might VERB MD
almost ADV RB
be VERB VB
as ADV RB
awful ADJ JJ
as ADP IN
trying VERB VBG
to PART TO
find VERB VB
a DET DT
date NOUN NN
! PUNCT .

# spaCy は基本的な名詞句も .noun_chunks で提供する
>>> print([chunk for chunk in doc_df[4].noun_chunks])
[a letter, the mail, Dr. Goldberg, Arizona, a new position, June, He, I,
 a new doctor, NYC, you, a date]

#####
# TextBlob ライブラリを使って同じことができる
from textblob import TextBlob

# TextBlob はデフォルトでは PatternTagger を使ってタグ付けを行う
# これは今回の例ではうまくいくが文法の正しくない文章を含む場合は
# NLTKTagger を使うことをお勧めする
>>> blob_df = review_df['text'].apply(TextBlob)

>>> blob_df[4].tags
[('Got', 'NNP'),
 ('a', 'DT'),
 ('letter', 'NN'),
 ('in', 'IN'),
 ('the', 'DT'),
 ('mail', 'NN'),
 ('last', 'JJ'),
 ('week', 'NN'),
 ('that', 'WDT'),
 ('said', 'VBD'),
 ('Dr.', 'NNP'),
 ('Goldberg', 'NNP'),
 ('is', 'VBZ'),
```

```
 ('moving', 'VBG'),
 ('to', 'TO'),
 ('Arizona', 'NNP'),
 ('to', 'TO'),
 ('take', 'VB'),
 ('a', 'DT'),
 ('new', 'JJ'),
 ('position', 'NN'),
 ('there', 'RB'),
 ('in', 'IN'),
 ('June', 'NNP'),
 ('He', 'PRP'),
 ('will', 'MD'),
 ('be', 'VB'),
 ('missed', 'VBN'),
 ('very', 'RB'),
 ('much', 'JJ'),
 ('I', 'PRP'),
 ('think', 'VBP'),
 ('finding', 'VBG'),
 ('a', 'DT'),
 ('new', 'JJ'),
 ('doctor', 'NN'),
 ('in', 'IN'),
 ('NYC', 'NNP'),
 ('that', 'IN'),
 ('you', 'PRP'),
 ('actually', 'RB'),
 ('like', 'IN'),
 ('might', 'MD'),
 ('almost', 'RB'),
 ('be', 'VB'),
 ('as', 'RB'),
 ('awful', 'JJ'),
 ('as', 'IN'),
 ('trying', 'VBG'),
 ('to', 'TO'),
 ('find', 'VB'),
 ('a', 'DT'),
 ('date', 'NN')]

>>> print([np for np in blob_df[4].noun_phrases])
['got', 'goldberg', 'arizona', 'new position', 'june', 'new doctor', 'nyc']
```

抽出された名詞句は、ライブラリごとに少し異なることがわかります。spaCyは"a"や"the"のような英語の共通単語を名詞句に含みますが、TextBlobは含みません。これは各ライブラリにおいて、何を名詞句とみなすかというルールエンジンが異なるためです。品詞の関係を独自に定義してチャンクを抽出することもできます。チャンク化について詳しく知りたい場合は[Bird et al., 2009]を参照してください。

3.4 まとめ

　Bag-of-Words表現は理解しやすく、計算も容易であり、テキスト分類や情報検索などのタスクに有用です。ただし、テキストを単語に分解することで失われる情報があります。Bag-of-n-GramsはBag-of-Wordsの自然な拡張であり、この問題を部分的に解決します。Bag-of-n-Gramsは理解しやすく、Bag-of-Wordsと同じくらい計算も簡単です。

　Bag-of-n-GramsはBag-of-Wordsよりも大量の特徴量を生み出します。これは特徴量を保存するためのストレージコストだけでなく、モデルの学習とテストにかかる計算コストも増加させます。Bag-of-n-Gramsは、Bag-of-Wordsとデータ点の数は同じまま、特徴空間を非常に大きくスパースにします。nが大きくなるほどこの傾向は顕著になりますが、コストに見合ったモデルの性能改善は望めません。したがって、通常は$n=2$または3までで十分であり、より大きなnグラムを使うことはめったにありません。

　Bag-of-n-Gramsのスパース性とコスト増加に対処する一つの方法は、nグラムから有用なフレーズだけを残すことです。これには自然言語処理の技術であるコロケーション抽出が使われます。定義では、コロケーションはテキスト中で不連続なトークンとして現れる可能性があります。しかし、不連続なコロケーションの探索は、計算コストに比べてそれほどの利益をもたらしません。実用的には、コロケーション抽出の候補フレーズとしてはバイグラムで十分です。

　この章では、テキストに対する特徴量エンジニアリングの基礎を説明しました。次の章では、TF-IDFと呼ばれるBag-of-Wordsの特徴量スケーリングについて見ていきます。

3.5 参考文献

- Bird, Steven, Ewan Klein, and Edward Loper. "Natural Language Processing with Python" Sebastopol, CA: O'Reilly Media, 2009. 訳書「入門 自然言語処理」（オライリージャパン, 2010）

- Dunning, Ted. "Accurate Methods for the Statistics of Surprise and Coincidence." ACM Journal of Computational Linguistics, special issue on using large corpora 19:1 (1993): 61-74.

- Khan Academy. "Hypothesis Testing and p-Values." Retrieved from https://www.khanacademy.org/math/probability/statistics-inferential/hypothesis-testing/v/hypothesis-testing-and-p-values.

- Manning, Christopher D. and Hinrich Schutze. "Foundations of Statistical Natural Language Processing." Cambridge, MA: MIT Press, 1999.

4章
特徴量スケーリングによる効果：
Bag-of-WordsのTF-IDFによる重み付け

　Bag-of-Wordsは取り組みやすい方法ではありますが、欠点が無い訳ではありません。全ての単語を同じようにしてカウントすると、必要以上に強調されてしまう単語があるためです。3章のエマ（Emma）とカラス（raven）の例を用いて説明します。2つの文書の違いを表す特徴がどのように表現できるかを考えます。"Emma"と"raven"という単語はいずれも3回現れますが、"the"は8回、"and"は5回、"it"と"was"はそれぞれ4回現れます。この例のように、単純な出現頻度だけでは文書の特徴を表現できません。

　ここで各文書には、雄大に（magnificently）、微光（gleamed）、怖気づいた（intimidated）、恐る恐る（tentatively）、支配（reigned）などの雰囲気を表現する単語が含まれていることに着目しましょう。したがって、このような**意味のある**（**meaningful**）単語が強調されるような特徴を表現できる方法を用いるべきです。

4.1　TF-IDF：Bag-of-Wordsに対するシンプルな変換方法

　TF-IDFはBag-of-Wordsに対するシンプルな変換方法です。TF-IDFはTFとIDFの積になります。TFは単語の**出現頻度**（**Term Frequency**）、IDFは**逆文書頻度**（**Inverse Document Frequency**）を意味しています。TFは、各文書における各単語の出現回数であるBag-of-Wordsを正規化して頻度に変えたものです。IDFはある単語がどれほど情報をもたらすかを表す量です。多くの文書に出現する単語の影響が弱くなり、ごく一部の文書に出現する単語の影響が強くなります。きちんと定義を書くと以下になります。

$bow(w, d) = [文書d内の単語wの出現回数]$

$tf(w, d) = bow(w, d) / [文書d内の単語数]$

$idf(w) = [全文書数N] / [単語wが含まれる文書数]$

$tf\text{-}idf(w, d) = tf(w, d) * idf(w)$

Nはデータセットにおける文書数です。この逆文書頻度の定義では、ある単語が少数の文書に現れ

た場合、逆文書頻度は1よりずっと大きくなります。

　逆文書頻度はそのまま使用する場合もあれば、対数変換して利用する場合もあります。対数変換は1を0に変え、1よりもずっと大きな数を小さくします。

　下記のように、対数変換を用いたTF-IDFを定義してみましょう。

$$idf(w) = \log([\text{全文書数}\,N]/[\text{単語}\,w\,\text{が含まれる文書数}])$$

$$\textit{tf-idf}(w, d) = \textit{tf}(w, d) * idf(w)$$

この定義では、すべての文書に出現する単語の影響は0になり、ごく一部の文書に出現する単語の影響は対数変換前のTF-IDFよりも強くなります。

　例題の図で理解を深めます。**図4-1**に、"it is a puppy"、"it is a cat"、"it is a kitten"、"that is a dog and this is a pen"の4つの文における簡単な例を示します。4つの文を"puppy"と"cat"と"is"の3語を特徴空間にプロットします。

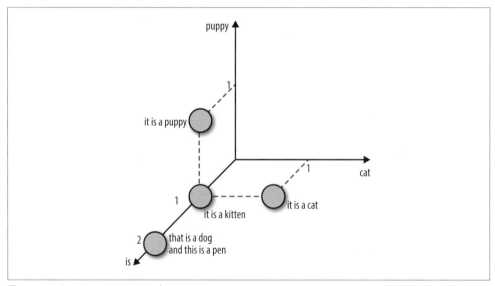

図4-1　dogとcatについての4つの文

　図4-1にある4つの文について見ていきます。これら4つの文に対して、対数変換した逆文書頻度によるTF-IDFで特徴量を作ります。この場合、**図4-2**のように特徴空間に配置されます。単語"is"はこのデータセットの全ての文書に現れるため排除されます。またTF-IDFによるスケーリングによって、"puppy"と"cat"の値をBag-of-Wordsの場合よりも大きくしています（$\log(4) = 1.38\cdots > 1$）。TF-IDFは出現回数がレアな単語を強調し、どの文書にも登場するような一般的な単語の影響を抑えます。これは、**3章**の出現頻度に閾値を設定して一律に排除するフィ

ルタリングと非常に似ていますが、こちらの方が数学的にきれいです。

TF-IDFの直感的な理解をする
TF-IDFは、出現頻度がレアな単語の影響を大きく、出現回数の多い一般的な単語の影響を小さくします。

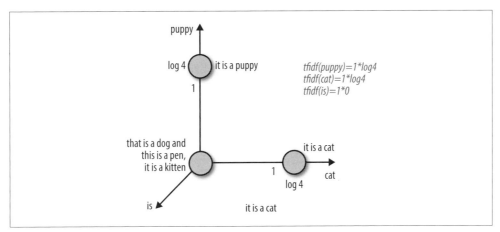

図4-2　図4-1の文をTF-IDFで表現

4.2　TF-IDFを試す

　TF-IDFは、単語の出現頻度に定数を掛け算して得られる特徴量です。したがって、これは2章で紹介した**特徴量スケーリング**と言い換えることも出来ます。では、特徴量スケーリングは実際にどの程度機能しているのか、単純なテキスト分類のタスクでスケーリングされた特徴量とスケーリングされていない特徴量の性能を比較してみます。

　例4-1では、Yelpでのレビュー（http://www.yelp.com/dataset_challenge）をデータセットとして利用します。Yelpチャレンジ第6ラウンドのデータセットには、米国6都市でのレビューが60万件含まれています。

例4-1　PythonでYelpのレビューデータを読み込んでクリーニングを行う
```
>>> import json
>>> import pandas as pd

# Yelpのビジネスデータを読み込み
>>> with open('data/yelp/yelp_academic_dataset_business.json') as biz_f:
...     biz_df = pd.DataFrame([json.loads(x) for x in biz_f.readlines()])

# Yelpのレビューデータを読み込み
```

```
>>> with open('data/yelp/yelp_academic_dataset_review.json') as review_file:
...     review_df = pd.DataFrame([json.loads(x) for x in review_file.readlines()])

# YelpのビジネスデータからcategoriesがNightlife（ナイトライフ）または
# Restaurants（レストラン）のデータを取り出し
>>> filter_func = lambda x: len(set(x) & set(['Nightlife', 'Restaurants'])) > 0
>>> twobiz = biz_df[biz_df['categories'].apply(filter_func)]

# 取り出した2つのカテゴリのYelpのビジネスデータとYelpのレビューデータを結合する
>>> twobiz_reviews = twobiz.merge(review_df, on='business_id', how='inner')

# 必要ない特徴量を排除
>>> twobiz_reviews = \
...     twobiz_reviews[['business_id', 'name', 'stars_y', 'text', 'categories']]

# target列を作成。categoriesがNightlifeの時はTrue、それ以外の場合はFalse
>>> twobiz_reviews['target'] = \
...     twobiz_reviews['categories'].apply(set(['Nightlife']).issubset)
```

4.2.1　クラス分類用のデータセット作成

　レビューを使ってレストランかナイトライフかどうかを分類してみます。学習時間を短縮するために、全部のデータを使わずに一部のデータを使います。ここでは2つのカテゴリでレビュー数が大きく異なっています。このようなデータセットを**クラス不均衡データ**（class-imbalanced dataset）と言います。不均衡データセットをそのままモデリングすると問題が起き、より大きなクラスに当てはまるように作られてしまいます。今回は両方のクラスに多くのデータがあるので、ダウンサンプリングでこの問題を解決します。ダウンサンプリングは、レコード数が多いクラス（Restaurant）をレコード数が少ないクラス（Nightlife）とほぼ同じサイズになるようにサンプリングしてデータを減らす方法です。処理の例は次の通りです。

1. ナイトライフに対するレビューの10%とレストランに対するレビューの2.1%をランダムサンプリングします（ここでサンプリングの割合2.1%は、各クラスのサンプル数がほぼ等しくなるように決めています）。
2. このデータセットの70%を学習データに、30%をテストデータになるようにデータを分割します。この例では、学習データは29,264件のレビューで、テストデータは12,542件のレビューになります。
3. 学習データには46,924個のユニークな単語が含まれています。これはBag-of-Wordsにおける特徴量の数になります。

　具体的な処理の方法を**例4-2**に示します。

例4-2 クラス均衡の取れた分類用データセットの作成

```
>>> from sklearn.model_selection import train_test_split

# サンプリングしてクラス均衡の取れたデータセットを作成
>>> nightlife = twobiz_reviews[twobiz_reviews['categories']
...                             .apply(set(['Nightlife']).issubset)]
>>> restaurants = twobiz_reviews[twobiz_reviews['categories']
...                             .apply(set(['Restaurants']).issubset)]
>>> nightlife_subset = nightlife.sample(frac=0.1, random_state=123)
>>> restaurant_subset = restaurants.sample(frac=0.021, random_state=123)
>>> combined = pd.concat([nightlife_subset, restaurant_subset])

# 学習データとテストデータに分割
>>> training_data, test_data = train_test_split(combined, test_size=0.3,
random_state=123)
>>> training_data.shape
(29264, 5)
>>> test_data.shape
(12542, 5)
```

4.2.2 TF-IDF変換を用いたBag-of-Wordsのスケーリング

線形クラス分類におけるBag-of-Words、TF-IDF、およびℓ^2正規化の効果を実験により比較してみましょう。TF-IDFにℓ^2正規化を行った際の結果は、ℓ^2正規化を単体で使う場合と同じです。したがって、Bag-of-Words、TF-IDF、およびBag-of-Wordsのℓ^2正規化の3つについての実験が必要になります。

例4-3では、scikit-learnの`CountVectorizer`を使用してレビューテキストをBag-of-Wordsに変換します。すべてのテキストを特徴量化する手法は、テキストをトークン（単語）のリストに変換する機能であるトークナイザに依存します。この例では、scikit-learnのデフォルトのトークン化パターンは、2つ以上の英数字の連続を探します。句読点はトークンを分割する区切り文字になります。

例4-3 特徴量の変換

```
>>> from sklearn.feature_extraction import text

# レビューをBag-of-Wordsで表す
>>> bow_transform = text.CountVectorizer()
>>> X_tr_bow = bow_transform.fit_transform(training_data['text'])
>>> X_te_bow = bow_transform.transform(test_data['text'])
>>> len(bow_transform.vocabulary_)
46924

>>> from sklearn.preprocessing import normalize
>>> y_tr = training_data['target']
>>> y_te = test_data['target']

# Bag-of-Words行列からTF-IDFを作成
```

```
>>> tfidf_trfm = text.TfidfTransformer(norm=None)
>>> X_tr_tfidf = tfidf_trfm.fit_transform(X_tr_bow)
>>> X_te_tfidf = tfidf_trfm.transform(X_te_bow)

#   Bag-of-WordsのL2正規化
>>> X_tr_l2 = normalize(X_tr_bow, norm='l2', axis=0)
>>> X_te_l2 = normalize(X_te_bow, norm='l2', axis=0)
```

テストデータにおける特徴量スケーリング
特徴量をスケーリングする際のポイントとして、テストデータの平均、分散、文書頻度、ℓ^2ノルムなど、実際にはわからない可能性が高い特徴量の統計量を使う必要があることです。TF-IDFを計算するには**学習データ**で逆文書頻度を計算して、学習データおよびテストデータの両方をスケーリングします。scikit-learnでは、学習データで特徴量変換をすると、関連する統計量が保存されます。テストデータの特徴量に対しても、学習データと同じ統計量で変換することが出来ます。

学習データでテストデータのスケーリングをすると、不自然な結果になるかもしれません。テストデータに対してMin-Maxスケーリングをすると、最大1で最小0に変換されません。ℓ^2ノルム、平均、分散が学習データとテストデータで異なっているためです。この問題はデータの欠損に比べれば小さな問題です。例えば、学習データにはない単語がテストデータに含まれていることがあり、新しい単語に対する文書頻度は得られません。一般的な解決方法は、新しい単語をテストデータから取り除くことです。これは一見いいかげんな方法に感じるかもしれませんが、学習データにはない単語をどう扱うべきかはわかりません。少しテクニカルな方法として、「3.2.2.2 レアな単語の取り扱い」で説明しているように、「ゴミ」となる単語を明示的に学習して、これらすべてを低頻度単語として扱う方法があります。

4.2.3 ロジスティック回帰によるクラス分類

ロジスティック回帰はシンプルな線形分類器であり、そのシンプルさゆえに最初に試す分類器として適しています。重みのついた特徴量を足し合わせた結果を、**シグモイド関数**に渡します。シグモイド関数は実数xを0から1の連続値に変換します。パラメータwは傾きを表し、パラメータbは切片項で、関数出力がどこで中間点0.5になるかを表します。ロジスティック回帰は、シグモイド関数の出力が0.5より大きい場合は正のクラスを、そうでない場合は負のクラスとして予測します。クラスの境界地点がどこになるか、入力値の変化の影響度合いをパラメータwとbで決めます。図4-3にシグモイド関数を示します。

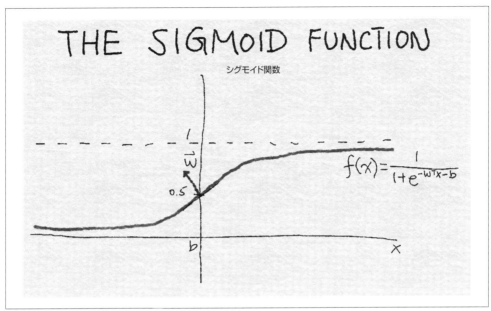

図4-3 シグモイド関数

次に、3パターンのデータセットでロジスティック回帰を作り挙動を確認します（例4-4参照）。

例4-4 デフォルトのパラメータでロジスティック回帰を学習

```
>>> from sklearn.linear_model import LogisticRegression
>>> def simple_logistic_classify(X_tr, y_tr, X_test, y_test, description, _C=1.0):
...     # ロジスティック回帰で学習しテストデータでの予測結果を得る関数
...     m = LogisticRegression(solver='liblinear', C=_C).fit(X_tr, y_tr)
...     s = m.score(X_test, y_test)
...     print('Test score with', description, 'features:', s)
...     return m

>>> m1 = simple_logistic_classify(X_tr_bow, y_tr, X_te_bow, y_te, 'bow')
>>> m2 = simple_logistic_classify(X_tr_l2, y_tr, X_te_l2, y_te, 'l2-normalized')
>>> m3 = simple_logistic_classify(X_tr_tfidf, y_tr, X_te_tfidf, y_te, 'tf-idf')
Test score with bow features: 0.775873066497
Test score with l2-normalized features: 0.763514590974
Test score with tf-idf features: 0.743182905438
```

Bag-of-Wordsを用いるモデルが比較対象のなかで最も精度が高くなっています。この結果は筆者の予想とは異なるものでした。モデルのチューニングが不十分のため起きた現象で、モデルを比較する時に犯す典型的なミスの一つです[1]。

---

[1] 訳注：原著のデータセットを完全に再現できないため、読者の環境で実行すると結果が異なるかもしれません。データセットが少し異なるだけでも結論が変わることを意味していて、クロスバリデーションの重要性を示唆しています。

4.2.4　正則化によるロジスティック回帰のチューニング

ロジスティック回帰を利用する時には気をつけるべきことがあります。特徴量がデータ点の数よりも多い場合に最適なモデルを見つける問題は**劣決定**（underdetermined）と呼ばれ、そのままでは解くことができません。この問題の解決策の一つが、学習過程への制約の追加です。この制約は**正則化**（regularization）として知られており、ここではその詳細について紹介します。

ロジスティック回帰を提供してるほとんどのライブラリでは、正則化を使用することが可能です。この機能を使用するには、正則化パラメータが必要です。これはモデルの学習過程で自動的に学習されないパラメータで、**ハイパーパラメータ**（hyperparameter）と呼ばれています。このパラメータは学習させたいデータごとに調整が必要で、事前に決める必要があります。このパラメータ調整をハイパーパラメータチューニングと呼びます（機械学習モデルを評価する方法の詳細については、例えば［Zheng, 2015］を参照してください）。ハイパーパラメータを調整するための基本的な方法の1つは、**グリッドサーチ**（grid search）と呼ばれ、ハイパーパラメータの探索範囲を格子状に設定します。最も精度が高くなるハイパーパラメータを見つけたら、これらを用いて学習データ全体でモデルを構築し、テストデータでモデルの精度を計算します。

重要事項：モデル比較時のハイパーパラメータ調整

モデルや特徴量を比較するには、ハイパーパラメータのチューニングが必要です。デフォルトの設定を用いてもモデルを作ることはできますが、ハイパーパラメータの自動チューニングがなければ、モデルは最適なハイパーパラメータを使っていない可能性があります。ハイパーパラメータに対する分類器の性能変化は、モデルおよび学習データの分布に依存します。ロジスティック回帰はハイパーパラメータに対して比較的頑健です。

それでも、適切なハイパーパラメータの**範囲**（range）を決める必要があります。一方で、ハイパーパラメータを調整するだけで他のモデルより性能が良いこともありえますが、それはモデルや特徴量エンジニアリングの本質とは言えないでしょう。最も優れたハイパーパラメータの自動チューニングをするソフトウェアであっても、探索範囲の上限と下限を指定する必要があり、この探索範囲を手作業で決めることがあります。

以下の例では、ロジスティック正則化パラメータのグリッドサーチの探索範囲を{1e-5, 0.001, 0.1, 1, 10, 100}で設定します。実際には、探索範囲の上限と下限を決めるために何度か試行錯誤しています。各特徴量に対する最適なハイパーパラメータ設定を**表4-1**に示します。

表4-1　ナイトライフの会場やレストランのYelpレビューのサンプルデータにおけるロジスティック回帰の最適なハイパーパラメータ設定

	ℓ^2 正則化
Bag-of-Words	0.1
ℓ^2 正規化	10
TF-IDF	0.001

TF-IDFとBag-of-Wordsの精度の違いが誤差の範囲内かどうかを検証します。統計的に独立した複数のデータセットを用いてシミュレーションするために、k分割クロスバリデーションをします。クロスバリデーションでは、k個に分割されたデータセットの1つを検証用のデータとし、残りのデータを学習用のデータにします。これをk回繰り返して、モデルの精度を計算します。

> ### リサンプリングによる精度のばらつきを見積もる
>
> 　統計的手法では、データは確率分布に基づくことを仮定しています。データから得られたモデルの性能測定結果もデータが確率分布に基づくために生まれるノイズの影響を受けます。比較可能なデータセットを用いて、モデルの構築を1回だけするのではなく、複数回行うことが望ましいです。複数回の結果を用いれば、信頼区間を計算できます。
>
> 　k分割クロスバリデーションは比較可能なデータセットを用意して複数回測定する方法の一つです。また、リサンプリングは同じデータセットから複数回サンプルを抽出する手法です。リサンプリングの詳細については、[Zheng, 2015] を参照してください。

　scikit-learnの`GridSearchCV`関数は、クロスバリデーションをしながらグリッドサーチします（例4-5参照）。図4-4は、各特徴量で学習したモデルの精度の確率分布を箱ひげ図で示しています。箱の中央にある線は中央値を示し、箱の上部と下部は第1四分位点と第3四分位点を示します。ひげは分布のうち、各分位点より外側に広がる部分を示しています。

例4-5　ロジスティック回帰のハイパーパラメータをグリッドサーチでチューニング

```
>>> from sklearn.model_selection import GridSearchCV

# 探索範囲を指定して 5 分割でグリッドサーチを実行する
>>> param_grid_ = {'C': [1e-5, 1e-3, 1e-1, 1e0, 1e1, 1e2]}

# Bag-of-Words での分類器をチューニング
>>> bow_search = GridSearchCV(LogisticRegression(solver='liblinear'), cv=5,
...                           param_grid=param_grid_, return_train_score=True)
>>> bow_search.fit(X_tr_bow, y_tr)

# L2 正規化単語ベクトルでの分類器をチューニング
>>> l2_search = GridSearchCV(LogisticRegression(solver='liblinear'), cv=5,
...                          param_grid=param_grid_, return_train_score=True)
>>> l2_search.fit(X_tr_l2, y_tr)

# TF-IDF での分類器をチューニング
>>> tfidf_search = GridSearchCV(LogisticRegression(solver='liblinear'), cv=5,
...                             param_grid=param_grid_, return_train_score=True)
>>> tfidf_search.fit(X_tr_tfidf, y_tr)
```

```
# グリッドサーチにおける出力を見て挙動を確認する

>>> bow_search.cv_results_
{'mean_fit_time': array([ 0.43648252,  0.94630651,  5.64090128, 15.31248307,
                         31.47010217, 42.44257565]),
 'mean_score_time': array([0.00080056, 0.00392466, 0.00864897, 0.00784755,
                           0.01192751, 0.0072515 ]),
 'mean_test_score': array([0.57897075, 0.7518111 , 0.78283898, 0.77381766,
                           0.75515992, 0.73937261]),
 'mean_train_score': array([0.5792185 , 0.76731652, 0.87697341, 0.94629064,
                            0.98357195, 0.99441294]),
 'param_C': masked_array(data = [1e-05 0.001 0.1 1.0 10.0 100.0],
                         mask = [False False False False False False],
                   fill_value = ?),
 'params': ({'C': 1e-05}, {'C': 0.001}, {'C': 0.1}, {'C': 1.0}, {'C': 10.0},
            {'C': 100.0}),
 'rank_test_score': array([6, 4, 1, 2, 3, 5]),
 'split0_test_score': array([0.58028698, 0.75025624, 0.7799795 , 0.7726341 ,
                             0.75247694, 0.74086095]),
 'split0_train_score': array([0.57923964, 0.76860316, 0.87560871, 0.94434003,
                              0.9819308 , 0.99470312]),
 'split1_test_score': array([0.5786776 , 0.74628396, 0.77669571, 0.76627371,
                             0.74867589, 0.73176149]),
 'split1_train_score': array([0.57917218, 0.7684849 , 0.87945837, 0.94822946,
                              0.98504976, 0.99538678]),
 'split2_test_score': array([0.57816504, 0.75533914, 0.78472578, 0.76832394,
                             0.74799248, 0.7356911 ]),
 'split2_train_score': array([0.57977019, 0.76613558, 0.87689548, 0.94566657,
                              0.98368288, 0.99397719]),
 'split3_test_score': array([0.57894737, 0.75051265, 0.78332194, 0.77682843,
                             0.75768968, 0.73855092]),
 'split3_train_score': array([0.57914745, 0.76678626, 0.87634546, 0.94558346,
                              0.98385443, 0.99474628]),
 'split4_test_score': array([0.57877649, 0.75666439, 0.78947368, 0.78503076,
                             0.76896787, 0.75     ]),
 'split4_train_score': array([0.57876303, 0.7665727 , 0.87655903, 0.94763369,
                              0.98334188, 0.99325132]),
 'std_fit_time': array([0.03874582, 0.02297261, 1.18862097, 1.83901079,
                        4.21516797, 2.93444269]),
 'std_score_time': array([0.00160112, 0.00605009, 0.00623053, 0.00698687,
                          0.00713112, 0.00570195]),
 'std_test_score': array([0.00070799, 0.00375907, 0.00432957, 0.00668246,
                          0.00771557, 0.00612049]),
 'std_train_score': array([0.00032232, 0.00102466, 0.00131222, 0.00143229,
                           0.00100223, 0.00073252])}

# クロスバリデーションの結果を箱ひげ図でプロットし、
# 分類器の性能を可視化して比較する
>>> search_results = pd.DataFrame.from_dict({
...     'bow': bow_search.cv_results_['mean_test_score'],
...     'tfidf': tfidf_search.cv_results_['mean_test_score'],
...     'l2': l2_search.cv_results_['mean_test_score']
... })
```

```
# matplotlib でグラフを描く
# ここで Seaborn はグラフの見た目を整えるために用いている
>>> import matplotlib.pyplot as plt
>>> import seaborn as sns
>>> sns.set_style("whitegrid")

>>> ax = sns.boxplot(data=search_results, width=0.4)
>>> ax.set_ylabel('Accuracy', size=14)
>>> ax.tick_params(labelsize=14)
```

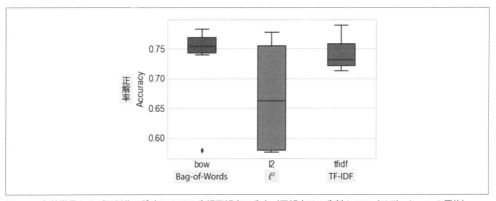

図4-4　各特徴量および正則化の設定における分類正解率の分布（正解率は5分割クロスバリデーションの平均）

表4-2は、各ハイパーパラメータでのクロスバリデーションにおける正解率の平均です。正解率が最高となる特徴量の組み合わせデータセットには、アスタリスク（*）をつけています。

表4-2　クロスバリデーションによる正解率の平均

正則化パラメータ	Bag-of-Words	ℓ^2 正規化	TF-IDF
0.00001	0.578971	0.575724	0.721638
0.001	0.751811	0.575724	0.788648*
0.1	0.782839*	0.589120	0.763566
1	0.773818	0.734247	0.741150
10	0.755160	0.776756*	0.721467
100	0.739373	0.761106	0.712309

　図4-4では、ℓ^2 正規化された特徴量を用いたモデルの正解率は非常に悪く見えます。これは正解率が低いモデルの正則化パラメータ設定が悪いためであり、最適でない正則化パラメータを用いた場合に誤った結論になる可能性がある一例となっています。**例4-6**のように、各モデルにおいて最適なハイパーパラメータを用いて学習をすると、モデル間の正解率に差はほとんど無くなります。

例4-6 異なる特徴量で比較するための最終的な学習と検証
```
# クロスバリデーションで得られた最適なハイパーパラメータと学習用データ全てを用いて
# 最終的なモデルを学習し、そのモデルを用いて検証用データにおける正解率を算出する
>>> m1 = simple_logistic_classify(X_tr_bow, y_tr, X_te_bow, y_te, 'bow',
...                               _C=bow_search.best_params_['C'])
>>> m2 = simple_logistic_classify(X_tr_l2, y_tr, X_te_l2, y_te, 'l2-normalized',
...                               _C=l2_search.best_params_['C'])
>>> m3 = simple_logistic_classify(X_tr_tfidf, y_tr, X_te_tfidf, y_te, 'tf-idf',
...                               _C=tfidf_search.best_params_['C'])
Test score with bow features: 0.78360708021
Test score with l2-normalized features: 0.780178599904
Test score with tf-idf features: 0.788470738319
```

適切なチューニングを行うことで正則化付きロジスティック回帰を用いた各モデルの正解率は改善し、最終的に得られるモデル間の正解率の差はほとんど無くなりました。TF-IDFを用いたモデルの正解率はわずかに高いですが、その差は統計的に有意ではない可能性が高いです。これらの結果はとても不思議です。TF-IDFやℓ^2正規化のような特徴量スケーリングが、単純なBag-of-Wordsよりもモデルの正解率向上に貢献しなければ、特徴量スケーリングを適用する価値がありません。この疑問に対する答えは次節で紹介します。

4.3　深堀り：何が起こっているのか？

この不思議な結果の背景にある理由を理解するために、モデルが特徴量をどのように扱っているかを見ます。ロジスティック回帰のような線形モデルの場合、**データ行列**（data matrix）と呼ばれる中間オブジェクトを介して特徴量を使用しています。

	it	is	puppy	cat	pen	a	this
it is a puppy	1	1	1	0	0	1	0
it is a kitten	1	1	0	0	0	1	0
it is a cat	1	1	0	1	0	1	0
that is a dog and this is a pen	0	2	0	0	1	2	1
it is a matrix	1	1	0	0	0	1	0

図4-5　5つの文書と7つの単語の単語文書行列の例

データ点は長さが決まったベクトルによって表現されています。そのベクトルを行方向に並べたものがデータ行列となります。Bag-of-Wordsベクトルを用いる場合は、データ行列を**単語文書行列**（document-term matrix）と呼ぶことがあります。図3-1にBag-of-Wordsベクトルを示し、図4-1には、特徴空間における4つのBag-of-Wordsベクトルを示しました。単語文書行列を作る

ためには、Bag-of-Wordsベクトルを並べるだけです。列方向には、文書内におけるすべて単語が並びます（**図4-5参照**）。文書の多くは全単語に対して、ごく一部の単語しか含んでおらず、単語文書行列における要素のほとんどはゼロです。このように行列の要素のほとんどがゼロの行列を**スパース行列**（sparse matrix）と呼びます。

特徴量スケーリングの方法は、基本的にデータ行列における列方向の計算です。特にTF-IDFとℓ^2正規化は、列全体（例えばnグラム特徴量）に定数を掛けます。

TF-IDF = 列に対するスケーリング手法
TF-IDFとℓ^2正規化は、どちらもデータ行列における列方向の計算です。

付録Aで説明しているように、線形分類器の学習は、データ行列の列ベクトルである特徴量の最適な線形結合を見つけることと言えます。学習によって得られる解空間はデータ行列の列空間と零空間で特徴づけられるので、分類器の精度はこれらの影響を直接受けます。列空間が広いということは特徴量間で線形関係があまりないことを意味します（これは一般に良いことです）。零空間には特徴量の線形結合で表せない「新しい」データ点があることを意味します。つまり、列空間が広ければ分類器の学習がしやすくなり、逆に零空間が広ければ分類器の学習がしにくくなるということです（線形決定境界、固有値分解、行列の基本部分空間などの概念については、**付録A**を参照）。

列方向のスケーリングはデータ行列の列空間と零空間はあまり影響を与えません。しかし、TF-IDFとℓ^2正規化は少し影響を与えるかもしれません。その理由を見ていきます。

データ行列の零空間が大きくなってしまう原因はいくつかあります。1つ目は、データセットにおいて、互いに非常に似ているデータ点が多い場合です。データ点が似ているということは、有効な行空間がデータセット内のデータ点の数に比べて小さいことを意味します。2つ目は、特徴量の数はデータ点よりもはるかに大きくなりえる点です。Bag-of-Wordsは巨大な特徴空間を作ってしまいがちです。Yelpの例では、学習データ約29,000件のレビューに対して特徴量が約47,000個になります。文書を増やしたとしても、データに対する特徴量の比や零空間が小さくなるとは限りません。

Bag-of-Wordsでは、列空間は特徴量の数に比べて小さくなります。また、ほぼ同じ回数だけ登場する単語が存在すると、列ベクトル間の線形従属につながり、列空間がフルランクではなくなります（フルランクの定義については**付録A**を参照）。フルランクでないことを**ランク落ち**（rank deficiency）と呼びます。

行空間や列空間がランク落ちすると、解きたい問題に対して求めるべきモデルのパラメータが多すぎる状態になります。線形モデルにおいては、各特徴量に対応する重みが求めるべきパラメータ

になります。行空間や列空間がフルランク[†2]ならば、モデルは出力空間のどんなターゲットベクトルも生成できます。しかしランク落ちしていると、モデルが必要以上に自由度を持つ状況になり、パラメータの解を一意に定めるのが難しくなります。

特徴量スケーリングはデータ行列のランク落ち問題を解決できるでしょうか？ 検討してみましょう。

列空間は、すべての列ベクトルの線形結合として定義されます（太字はベクトルを示します）。すなわち、$a_1 \mathbf{v}_1 + a_2 \mathbf{v}_2 + \cdots + a_n \mathbf{v}_n$ です。特徴量スケーリングは、列ベクトルを定数倍したもの $\widetilde{\mathbf{v}_1} = c\mathbf{v}_1$ で置き換えます。しかし、a_1 を $\widetilde{a_1} = a_1/c$ とするだけで元の線形結合になってしまいます。このように、特徴量スケーリングは列空間のランクを変えないのです。同様に、特徴量スケーリングは零空間のランクにも影響がありません。なぜなら、重みベクトル内の対応する要素を逆スケーリングすることによって、スケーリングされた特徴量を打ち消すことができるからです。

しかし例外があります。スケーリングに用いるスカラが0の場合、元の線形結合を復元できません。つまり $\mathbf{v}_1$ がなくなります。その消える特徴量（列ベクトル）が他のすべての列と線形独立であれば、列空間が小さくなり零空間が大きくなります。

その消える特徴量と出力ターゲットの間に相関がなければ、データに含まれるノイズを取り除きます。ここにTF-IDFと ℓ^2 正規化の間の重要な違いが現れてきます。ℓ^2 正規化でノルムがゼロになるのは、全ての要素がゼロのベクトルの場合のみです。もし、大きなノルムで割れば正規化後のベクトルは小さくなり、1より小さなノルムで割れば正規化後のベクトルは大きくなります。

一方、TF-IDFはゼロに近い値になるようにスケーリングできます（**図4-2参照**）。学習データにおいて、どの文書にも含まれるような単語のTF-IDF（の対数変換）はゼロに近くなります。このような単語はターゲットベクトルとの相関が強くない可能性が高いです。これらの単語を取り除き不要なデータを減らすことで、学習時に重要な単語に集中でき、より良い解を見つけることができます（通常、このように取り除くことができるノイズの多い単語はほとんどないため、精度の向上はそこまで大きくないかもしれません）。

また、特徴量スケーリング（ℓ^2 正規化とTF-IDF）は学習の収束速度に大きな影響を与えることがあります。影響が大きい場合は、特徴量スケーリングによって、データ行列の条件数（最大特異値と最小特異値との間の比。特異値や条件数などの用語の詳細な説明については**付録A**を参照）が大幅に小さくなったことを示します。実際に、ℓ^2 正規化は条件数をほぼ1にします。しかし、良い条件数が良い解に繋がるとは限りません。この実験中、ℓ^2 正規化はBag-of-WordsやTF-IDFよりもはるかに早く収束していました。しかし、ℓ^2 正規化は過学習しやすいです。実験では他の手法よりずっと強い正則化を必要とし、最適化の反復回数によっては異なる結果になりました。

[†2] 厳密に言えば、矩形行列の行空間と列空間の両方が同時にフルランクであることはありえません。両方の部分空間の最大ランクは、行数と列数のうち小さい方となります。

4.4 まとめ

この章では、特徴量の変換がモデルにどのように影響を与えるかを深く分析するための導入として、TF-IDFを利用しました。TF-IDFは特徴量スケーリングの一つの方法なので、他の方法としてℓ^2正規化を例にとり、性能を比較しました。

結果は予想とは異なります。TF-IDF、ℓ^2正規化を用いても、元のBag-of-Wordsを用いたモデルの正解率からの大きな改善にはつながりませんでした。統計モデリングおよび線形代数の側面から検討すると、TF-IDFとℓ^2正則化はデータ行列の列空間を変化させておらず、結果として正解率の改善に繋がっていないことがわかりました。

TF-IDFとℓ^2正規化の小さな違いは、TF-IDFが単語の出現回数を「増大」もしくは「減少」させる処理ができることです。つまり、出現回数を大きくして特徴量の影響を大きくできますし、ゼロに近づけて特徴量の影響を小さくすることもできます。そのため、TF-IDFは無情報な単語を取り除くことができます。

また、特徴量スケーリングのもう一つの効果として、データ行列の条件数の改善により線形モデルの学習速度が向上することも学びました。これはℓ^2正規化とTF-IDFの両方で有効です。

この章で得られた教訓は以下の通りです。特徴量スケーリングを正しくするとクラス分類の学習に役立ちます。良いスケーリングは有益な単語を強調し、共通の単語の重みを小さくします。また、データ行列の条件数を改善することもできます。良いスケーリングは一様なスケーリングとは限りません。

実データにおいて特徴量エンジニアリングの影響を分析することの難しさを示すうえで、本章でとりあげた例は良い例であると言えるでしょう。特徴量の変更は学習過程やモデルの結果に影響を与えます。線形モデルは理解しやすいですが、理論的および実用的な影響を切り分けるには、綿密に設計された実験方法と深い数学的知識が必要になります。このような影響の切り分けは、線形モデルより複雑なモデルや特徴量の変換ではほとんど不可能です。

4.5 参考文献

- Zheng, Alice. "Evaluating Machine Learning Models." Sebastopol, CA: O'Reilly Media, 2015. https://www.oreilly.com/data/free/evaluating-machine-learning-models.csp.

5章
カテゴリ変数の取り扱い

　カテゴリ変数（categorical variable）はその名のとおり、カテゴリやラベルを表すために使用されます。ここではカテゴリ変数の値をカテゴリ値、カテゴリ値が取り得る値の種類数をカテゴリ数と呼ぶことにします。具体的なカテゴリ変数の例としては、世界の主要都市の名前や季節の種類、企業の産業形態（石油／旅行／テクノロジー系）などが挙げられるでしょう。現実の世界から得られるカテゴリ数は有限であり、カテゴリ値は数値に置き換えることもできます。しかし、一般的な数値とは異なり、カテゴリ値は大小を比較することはできません（産業形態を例に上げると、旅行産業と石油産業には大小関係はありません）。このようなデータを**非順序データ**（nonordinal）と呼びます。

　ある変数をカテゴリ変数として扱うべきなのかは、次の単純な質問によって見分けることができます。「2つの値がどのくらい違うかを知ることが重要ですか？ それとも値が異なることを知ることが重要ですか？」 例えば、500ドルの株は100ドルの株の5倍の価値があると言えることがポイントになります。よって、株価は連続的な数値の変数として取り扱うべきです。一方、企業の産業形態（石油／旅行／テクノロジー系）のような変数は値が違うとわかることが重要です。よって、企業の産業形態はカテゴリ変数として扱われるべきです。

　トランザクションレコードには、さまざまな値を持つカテゴリ変数が含まれています。例えば、ウェブサービスのトランザクションレコードでは、100〜1億種類以上にもおよぶユーザーIDを利用してユーザーを追跡しています。IPアドレスも大規模なカテゴリ変数の1つです。IPアドレスは数値で表記されていますが、数値の大きさには意味がありません。また、ウェブの不正利用を検出する際に、特定のサブネットが他のアドレスに比べて高い頻度で不正を行っているという事実が判明するかもしれません。しかし、サブネット164.203.x.xが164.202.x.xよりも不正であるとは言えません。

　文書コーパスの語彙も、単語をカテゴリとする膨大なカテゴリ数を持つカテゴリ変数と言えます。このようなカテゴリ変数を用いて分析を行うと、計算コストが大きくなってしまいます。データ点（例：文書）は、各カテゴリ（例：単語）の出現回数をカウントして作成した統計量によって、特徴づけることができます。この操作を**ビンカウンティング**（bin counting）と呼びます。この章では、はじめにカテゴリ変数の一般的な取り扱いについて紹介し、さらに膨大なカテゴリ数を持つ

カテゴリ変数の対処法として広く普及してきたビンカウンティングを紹介します。

5.1　カテゴリ変数のエンコーディング

　カテゴリ変数のカテゴリは、目の色が「黒」、「青」、「茶」などで表されるように、通常数値では表現されていません[†1]。カテゴリ変数を数値に変換するにはエンコーディングを行う必要があります。単純なエンコードとして、k種類の各カテゴリ値に、1からkまでの数値を当てはめる方法も利用できますが、この方法はカテゴリ値を順序付けてしまいます。順序付けはカテゴリ変数を扱う上で適切ではないため、別の方法を探してみましょう。

5.1.1　One-Hotエンコーディング

　エンコーディング方法の1つとして、ビットのグループを利用する方法があります。各ビットは各カテゴリを意味し、カテゴリ値の該当ビットがon（1）になり、それ以外はoff（0）になります。カテゴリ変数が同時に複数のカテゴリに属さない場合、グループ内の1つのビットだけがonになります。この方法は**One-Hot エンコーディング**（one-hot encoding）と呼ばれ、scikit-learnに **sklearn.preprocessing.OneHotEncoder**（http://bit.ly/2tmlzTn）として実装されています。エンコーディングされた各ビットは1つの特徴量となります。つまり、k個のカテゴリを持つカテゴリ変数は、長さkの特徴量ベクトルとしてエンコーディングされます（**表5-1**参照）。

表5-1　3つの都市を持つカテゴリ変数のOne-Hotエンコーディング

	e_1	e_2	e_3
San Francisco	1	0	0
New York	0	1	0
Seattle	0	0	1

　One-Hotエンコーディングはシンプルで理解しやすい方法ですが、厳密に必要なビット数よりも1ビット多く使用してしまいます。k個のビットのうちの1つは1の値になる必要があるので、もし$k-1$個のビットが0ならば残った1つのビットは1でなくてはなりません。この制約は「すべてのビットの和は1である」という次の式として表すことができます。

$$e_1 + e_2 + \cdots + e_k = 1$$

　この制約からわかるように、One-Hotエンコーディングで作成されたビット間には線形の依存関係があります。**4章**で解説したように、線形の依存関係がある特徴量が含まれていると、線形モ

[†1]　カテゴリは統計関連の文献では「レベル」と表現します。例えば、カテゴリ変数が2種類のカテゴリを持つ場合には、カテゴリ変数が2つのレベルを持つと表現します。しかし、レベルと表現する専門用語は他にもいくつかあるので、本書では使用しません。代わりに「カテゴリ」を使用します。

デルの係数が一意に定まらないという問題が生じます。その結果、特徴量が予測に与える影響を理解するのが難しくなってしまいます。

5.1.2 ダミーコーディング

One-Hotエンコーディングの問題点は、本来は自由度$k-1$で十分であるはずなのに、自由度kになってしまっている点です。そこで**ダミーコーディング**（dummy coding）[†2]では、$k-1$個のビット特徴量を利用し、余分な自由度を取り除いています（**表5-2参照**）。**表5-2**の例からわかるように、ある1つのカテゴリを選択し、0のみからなるベクトルを割り当てていることがわかります。このようなカテゴリを**参照カテゴリ**（reference category）と呼びます（**表5-2**の例では参照カテゴリはNew Yorkです）。ダミーコーディングとOne-Hotエンコーディングは、Pandasで実装されており、`pandas.get_dummies`（http://bit.ly/2mBNeJx）から利用することができます。

表5-2　3つの都市を含むカテゴリのダミーコーディング

	e_1	e_2
San Francisco	1	0
New York	0	0
Seattle	0	1

ダミーコーディングを利用したモデリングの結果は、One-Hotエンコーディングを利用したモデリングの結果より解釈が容易です。わかりやすい例として、一般的な線形回帰モデルへの適用の例を挙げましょう。**表5-3**のような、サンフランシスコ、ニューヨーク、シアトルの3つの都市におけるアパートの賃貸価格についてのデータが得られたとします。

表5-3　3つの都市におけるアパートの家賃のデータセット

	City	Rent
0	SF	3999
1	SF	4000
2	SF	4001
3	NYC	3499
4	NYC	3500
5	NYC	3501
6	Seattle	2499
7	Seattle	2500
8	Seattle	2501

[†2] 好奇心のある読者は、なぜコーディングとエンコーディングと呼ばれるものがあるのかと思うかもしれません。私の推測では、One-Hotエンコーディングは情報がエンコード／デコードされるのが一般的な電気工学のコミュニティで考案された一方、ダミーコーディングとEffectコーディングは統計コミュニティで考案されたからだと考えています。理由はわかりませんが、「エン」コーディングの"en"は学問の辺縁を乗り越えられなかったようです。

5章 カテゴリ変数の取り扱い

都市の情報のみを使って、家賃を予測する線形回帰モデルを学習するとします（**例5-1**参照）。線形回帰モデルは、

$$y = w_1 x_1 + \cdots + w_n x_n$$

と書くことができます。さらに、$x_1, \ldots, x_n$ がすべてゼロの場合でも y が非ゼロの値になりうるように、切片と呼ばれる定数項（b）を追加します。

$$y = w_1 x_1 + \cdots + w_n x_n + b$$

例5-1 One-Hotエンコーディングとダミーコーディングを利用した線形回帰モデリング

```
>>> import pandas as pd
>>> from sklearn import linear_model

# 3つの都市におけるアパートの家賃のデータセットを設定
>>> df = pd.DataFrame({
...     'City': ['SF', 'SF', 'SF', 'NYC', 'NYC', 'NYC',
...              'Seattle', 'Seattle', 'Seattle'],
...     'Rent': [3999, 4000, 4001, 3499, 3500, 3501, 2499, 2500, 2501]
... })
>>> df['Rent'].mean()
3333.3333333333335

# One-Hotエンコーディングをカテゴリ値であるcity列に適用
# 特徴量をOne-Hotエンコーディングで生成した列に、ターゲット変数を家賃に指定し、線形回帰モデルを学習
>>> one_hot_df = pd.get_dummies(df, prefix=['city'])
>>> one_hot_df
   Rent  city_NYC  city_SF  city_Seattle
0  3999       0.0      1.0           0.0
1  4000       0.0      1.0           0.0
2  4001       0.0      1.0           0.0
3  3499       1.0      0.0           0.0
4  3500       1.0      0.0           0.0
5  3501       1.0      0.0           0.0
6  2499       0.0      0.0           1.0
7  2500       0.0      0.0           1.0
8  2501       0.0      0.0           1.0

>>> model = linear_model.LinearRegression()
>>> model.fit(one_hot_df[['city_NYC', 'city_SF', 'city_Seattle']],
...           one_hot_df['Rent'])
>>> model.coef_
array([ 166.66666667,  666.66666667, -833.33333333])
>>> model.intercept_
3333.3333333333335

# ダミーコーディングを利用して線形回帰モデルを学習
# 引数の'drop_first'をTrueにすることで、ダミーコーディングが利用可
>>> dummy_df = pd.get_dummies(df, prefix=['city'], drop_first=True)
```

```
>>> dummy_df
   Rent  city_SF  city_Seattle
0  3999  1.0      0.0
1  4000  1.0      0.0
2  4001  1.0      0.0
3  3499  0.0      0.0
4  3500  0.0      0.0
5  3501  0.0      0.0
6  2499  0.0      1.0
7  2500  0.0      1.0
8  2501  0.0      1.0
>>> model.fit(dummy_df[['city_SF', 'city_Seattle']], dummy_df['Rent'])
>>> model.coef_
array([  500., -1000.])
>>> model.intercept_
3500.0
```

One-Hotエンコーディングでは、切片はターゲット変数Rentの全体平均を表し、各特徴量の回帰係数は各カテゴリ（都市）の平均賃料と全体平均との差分を表します。一方、ダミーコーディングにおいては、切片は参照カテゴリのターゲット変数の平均値を表します。この例では、ニューヨーク（NYC）の平均賃料になります。i番目の特徴の係数は、i番目のカテゴリの平均値と参照カテゴリの平均値との差を意味します。表5-4では、エンコーディング方法による線形モデルの係数の違いを確認できます。

表5-4 One-Hotエンコーディングとダミーコーディングの線形回帰モデルの係数

	x_1	x_2	x_3	b
One-Hotエンコーディング	166.67	666.67	−833.33	3333.33
ダミーコーディング	0	500	−1000	3500

5.1.3 Effectコーディング

カテゴリ変数の別のエンコード方法として、Effectコーディング（effect coding）があります。Effectコーディングはダミーコーディングと非常によく似ていますが、参照カテゴリはすべて−1のベクトルとなります。

表5-5 3つの都市を含むカテゴリのEffectコーディング

	e_1	e_2
San Francisco	1	0
New York	−1	−1
Seattle	0	1

またEffectコーディングは、ダミーコーディングよりも結果の解釈がずっと簡単です。例5-2は、Effectコーディングによって入力がどのように変化するのかを示しています。

Effectコーディングでは、切片はターゲット変数の全体平均を表し、各特徴量の回帰係数は各カテゴリの平均値と全体平均との差分を表します（この差分は各カテゴリの**主効果** (**main effect**) と呼ばれるため、Effectコーディングという名前になっています）。Effectコーディングの結果は、One-Hotエンコーディングと切片と係数の値が同じですが、参照カテゴリの係数は存在しません。参照カテゴリの係数を算出するには、参照カテゴリ以外の全カテゴリの係数を合計してマイナスをつけます。詳しくは"FAQ: What is effect coding" (https://stats.idre.ucla.edu/other/mult-pkg/faq/general/faqwhat-is-effect-coding/) を参照してください。

例5-2　Effectコーディングを用いた線形回帰モデル

```
>>> effect_df = dummy_df.copy()
>>> effect_df.loc[3:5, ['city_SF', 'city_Seattle']] = -1.0
>>> effect_df
    Rent  city_SF  city_Seattle
0   3999     1.0           0.0
1   4000     1.0           0.0
2   4001     1.0           0.0
3   3499    -1.0          -1.0
4   3500    -1.0          -1.0
5   3501    -1.0          -1.0
6   2499     0.0           1.0
7   2500     0.0           1.0
8   2501     0.0           1.0
>>> model.fit(effect_df[['city_SF', 'city_Seattle']], effect_df['Rent'])
>>> model.coef_
array([ 666.66666667, -833.33333333])
>>> model.intercept_
3333.3333333333335
```

5.1.4　カテゴリ変数のエンコーディング方法の長所と短所

　カテゴリ変数の3種類のエンコーディング方法はとても似ていますが、それぞれに長所と短所があります。One-Hotエンコーディングは冗長な表現なので、同じ問題に対して妥当なモデルが複数存在して係数が一意に定まりません。それが結果の解釈の妨げになることもありますが、各特徴量が各カテゴリに明確に対応しているという利点があります。さらに、カテゴリが欠損しているデータを扱う際に便利です。具体的には、欠損データを要素が全て0のベクトルとしてエンコーディングすることで、予測結果がターゲット変数の全体平均になるからです。

　ダミーコーディングおよびEffectコーディングは冗長な表現ではありません。そのため、ユニークで解釈が可能なモデルを得られます。ダミーコーディングの欠点は欠損データを簡単に処理できないことです。なぜなら要素が全て0のベクトルがすでに参照カテゴリに割り当てられているからです。また、参照カテゴリに対する各カテゴリの相対的な影響をエンコードすることは、不自然に感じられます。

Effectコーディングはこの問題を、参照カテゴリに対して異なるコードを割り当てることで回避しています。しかし要素が全て-1のベクトルは密なベクトルであり、記憶容量や計算コストがかさみます。そのため、Pandasやscikit-learnのような人気ある機械学習のソフトウェアパッケージは、EffectコーディングではなくダミーコーディングやOne-Hotエンコーディングを使っています。

カテゴリ数が非常に大きくなると、前述の3つのエンコーディング方法はいずれもうまく機能しなくなります。そのため、膨大なカテゴリ数を持つカテゴリ変数を扱うためには、新たなテクニックが必要です。

5.2 膨大なカテゴリ数を持つカテゴリ変数の取り扱い

インターネットからデータを自動収集すると、膨大なカテゴリ数を持つカテゴリ変数が生まれます。例えば、ターゲティング広告や不正検出などのアプリケーションにおいてこのようなデータは一般的です。

ターゲティング広告ではユーザーと広告のマッチングを行います。特徴量として、ユーザーID、広告のウェブサイトドメイン、検索クエリ、現在のページに加えて、それらを組み合わせた共起関係（論理積）も利用します（検索クエリは、文字列を切り刻んで通常のテキストと同様の特徴量にすることができます。しかし、一般にクエリは短く、多くの場合に決まったフレーズで構成されているため、この方法ではクエリの違いを表現しきれません。そのため、クエリをそのまま維持するか、ハッシュ関数によって変換するのが一般的です。ハッシュ関数による変換は後ほど詳しく説明します）。これらはいずれも膨大なカテゴリ数を持つカテゴリ変数です。このようなカテゴリ変数を取り扱うためには、メモリ効率が良く、かつ正確なモデルを早く学習できるような優れた表現の特徴量にエンコードしなければなりません。

既存方法は次のように分類できます。

1. 膨大なカテゴリ数を気にせず実行する方法
   計算が軽いシンプルなモデルを利用して学習します。例えば大規模な計算機を用いて、線形モデル（ロジスティック回帰や線形サポートベクターマシン）上でOne-Hotエンコーディングを利用します。
2. 特徴量を圧縮する方法
   圧縮方法には2つの選択肢があります。
   a. 特徴量ハッシング：線形モデルにおいてよく利用されます。
   b. ビンカウンティング[3]：線形モデルだけでなく、決定木に基づくモデルにおいてもよく利

---

[3] 訳注：この用語を検索しても多くの件数はヒットしませんが、Googleの特許文書（https://patentimages.storage.googleapis.com/53/8f/21/4e85b8c0990c58/US9104960.pdf）などにおいては使われています。また、手法名に「カウンティング」と入っていますが、これはビンの何かしらの統計量を利用する手法であり、ビンのカウントに限った手法ではないことも注意してください。

用されます。

　Microsoftの検索サイトで利用されている広告エンジンでは、簡単な更新処理を使ってオンライン学習ができるベイズプロビット回帰モデルが使われています。このモデルにはOne-Hotエンコーディングのような二値の特徴量が使われていることが報告されています［Graepel et al., 2010］。2009年にYahoo!の研究者によって特徴量ハッシングの有用性が報告された一方で［Weinberger et al., 2009］、2013年に特徴量ハッシングをGoogleの広告エンジンに適用しても大きな改善はできなかったと報告されています［McMahan et al., 2013］。またMicrosoftの研究者がビンカウンティングの新たなアイデアを報告しています［Bilenko, 2015］。

　これまで見てきたようにすべての方法は長所と短所があります。以降では各方法の内容とトレードオフについて説明します。

5.2.1　特徴量ハッシング

　ハッシュ関数は、潜在的に無限に広がる値を有限のm種類の値に割り当てる関数です。ここでは、ハッシュ関数を適用したあとに得られる値をハッシュ値と呼び、ハッシュ値を格納するテーブルをハッシュテーブルと呼びます。ハッシュテーブルのサイズはmとなります。入力値の取り得る範囲は出力値の取り得る範囲よりも広いため、値が異なる入力値が同じ出力値に割り当てられることがあります。これを**衝突**（collision）と呼びます。**一様なハッシュ関数**（uniform hash function）は、ハッシュ値がm種類のそれぞれにおおよそ同じ回数だけ割り当てられることを保証しています。

　イメージとしては、ハッシュ関数は、番号付きボール（キー）を取り込んでm個のビン（容器）の1つに割り当てるマシンと捉えることができます。同じ番号のボールは常に同じビンに割り当てられます（図5-1参照）。このような特性により、特徴量の値を有限な範囲内に維持しつつ、機械学習の学習と評価のサイクルに必要となる記憶容量と計算時間を減らします。

　ハッシュ関数は、数値で置き換えられる任意のオブジェクト（コンピュータに格納できるデータ）に適用できます。例えば、数値、文字列、複雑な構造データなどです。

　非常に多くの特徴量があるとき、特徴ベクトルを保存するには多くの容量が必要となります。**特徴量ハッシング**（feature hashing）は、例5-3に示すように特徴量IDにハッシュ関数を適用することで、特徴ベクトルをm次元のベクトルに圧縮します。例えば特徴量が文書内の単語の場合、大量の種類の単語が含まれていても、特徴量ハッシングによってm個の特徴量に圧縮できます。

5.2 膨大なカテゴリ数を持つカテゴリ変数の取り扱い | 87

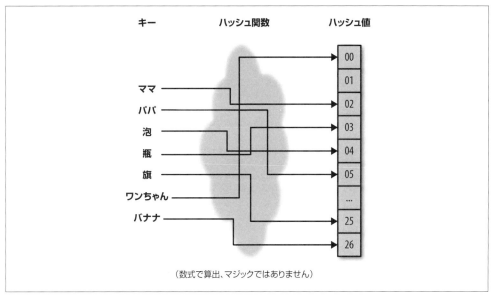

図5-1 ハッシュ関数によってキーをビンに割り当てる

例5-3 単語特徴量のための特徴量ハッシング
```
>>> def hash_features(word_list, m):
...     output = [0] * m
...     for word in word_list:
...         index = hash_fcn(word) % m
...         output[index] += 1
...     return output
```

特徴量ハッシングの別のバリエーションは符号コンポーネントを持っており、ハッシュ値のカウントの加算や減算ができます（**例5-4**参照）。この符号コンポーネントを持つ特徴量ハッシングを適用する前後では、特徴ベクトル間の内積の期待値は変わらないことが知られています［Weinberger, 2009］。つまり特徴量ハッシングによって大きなバイアスが発生することはありません。

例5-4 符号化特徴量ハッシング（Signed Feature Hashing）
```
>>> def hash_features(word_list, m):
...     output = [0] * m
...     for word in word_list:
...         index = hash_fcn(word) % m
...         sign_bit = sign_hash(word) % 2
...         if(sign_bit == 0):
...             output[index] -= 1
...         else:
...             output[index] += 1
...     return output
```

特徴量ハッシング後の内積の値は、元の内積の $O(1/\sqrt{m})$ の範囲内にあることが知られているので、そこから誤差を計算できます。そして許容可能な誤差に基づいてハッシュテーブルのサイズ m を選択できます。ただし、実際には m の値は試行錯誤して決定することが多いです。

特徴量ハッシングは、線形モデルやカーネル法など、特徴ベクトルと係数ベクトルの内積を含むモデルに使用できます。応用例として、迷惑メールフィルタリングにおいて有効であることが実証されています［Weinberger et al., 2009］。その一方で、ターゲティング広告の場合に、予測誤差を許容可能な範囲に収めるためには m を数十億のオーダーにする必要があり、容量の節約にはならないことも報告されています［McMahan et al., 2013］。

特徴量ハッシングの欠点は、特徴量ハッシング後の特徴量が解釈が難しくなる点です。**例5-5**では、Yelp レビューデータセットを例に、scikit-learn の `FeatureHasher` クラスを適用した際の、解釈可能性と記憶容量のトレードオフの関係を示します。

例5-5　特徴量ハッシング（別名：ハッシングトリック）

```
>>> import pandas as pd
>>> import json

# 最初の10,000件のレビューを読み込み
>>> js = []
>>> with open('data/yelp/yelp_academic_dataset_review.json') as f:
...     for i in range(10000):
...         js.append(json.loads(f.readline()))
>>> review_df = pd.DataFrame(js)

# mにbusiness_idのユニーク数を代入
>>> m = len(review_df['business_id'].unique())
>>> m
4174

>>> from sklearn.feature_extraction import FeatureHasher
>>> h = FeatureHasher(n_features=m, input_type='string')
>>> f = h.transform(review_df['business_id'])

# 変換後の特徴量が解釈が困難であることを確認
>>> review_df['business_id'].unique().tolist()[0:5]
['9yKzy9PApeiPPOUJEtnvkg',
 'ZRJwVLyzEJq1VAihDhYiow',
 '6oRAC4uyJCsJl1X0WZpVSA',
 '_1QQZuf4zZOyFCvXc0o6Vg',
 '6ozycU1RpktNG2-1BroVtw']

>>> f.toarray()
array([[ 0.,  0.,  0., ...,  0.,  0.,  0.],
       [ 0.,  0.,  0., ...,  0.,  0.,  0.],
       [ 0.,  0.,  0., ...,  0.,  0.,  0.],
       ...,
       [ 0.,  0.,  0., ...,  0.,  0.,  0.],
       [ 0.,  0.,  0., ...,  0.,  0.,  0.],
```

```
          [ 0., 0., 0., ..., 0., 0., 0.]])
# 変換後の特徴量の容量が大きく減っていることを確認
>>> from sys import getsizeof
>>> print('Our pandas Series, in bytes: ', getsizeof(review_df['business_id']))
>>> print('Our hashed numpy array, in bytes: ', getsizeof(f))
Our pandas Series, in bytes: 790104
Our hashed numpy array, in bytes: 56
```

特徴量ハッシングを適用すると、容量が小さくなり計算が容易になる反面、直観的な解釈が難しくなることがわかります。解釈を目的としているデータの探索や視覚化においては、特徴量ハッシングを適用することは好ましくありません。一方、大規模なデータセットを利用した機械学習においては、直観的な解釈の重要性は低く、特徴量ハッシングの適用するメリットを十分に享受できます。

5.2.2　ビンカウンティング

ビンカウンティング（bin counting）は古典的ですが、現在も機械学習においてさまざまな有効性が再発見されている手法です。広告のクリック率の予測からハードウェアにおける分岐予測まで、多くのアプリケーションで利用されています［Yeh and Patt, 1991; Lee et al., 1998; Chen et al., 2009; Li et al., 2010］。ビンカウンティングは、モデリングや最適化ではなく特徴量エンジニアリングであるため、研究論文はありません。最も詳細な説明は、2015年のMisha Bilenkoのブログ記事 "Big Learning Made Easy - with Counts!"（http://bit.ly/2tnICgH）と関連するスライド（http://bit.ly/2FiuRW6）を参照してください。

ビンカウンティングの考え方はとても簡単です。カテゴリ値をエンコードして特徴量として使用する代わりに、カテゴリごとに何らかの値を集計した統計量を利用します。カテゴリごとにターゲットの値を集計して算出した**条件付き確率**は、そのような統計量の一例です。ナイーブベイズ分類器に精通している人はピンとくるはずです。なぜなら、ナイーブベイズ分類器では特徴量が互いに独立と考えてクラスの条件付き確率を求めたからです。**表5-6**で、例を用いて説明します。

表5-6　ビンカウンティングを用いた特徴量の例（"Big Learning Made Easy - with Counts!" から許諾を得て修正）

ユーザー	クリックした数	クリックしなかった数	クリック率	クエリハッシュと広告ドメイン	クリックした数	クリックしなかった数	クリック率
アリス	5	120	0.0400	0x598fd4fe, foo.com	5,000	30,000	0.167
ボブ	20	230	0.0800	0x50fa3cc0, bar.org	100	900	0.100
...				...			...
ジョー	2	3	0.400	0x437a45e1, qux.net	6	18	0.250

ビンカウンティングは、統計量を計算するための履歴データがあることを前提としています。

表5-6には、全カテゴリの集計値が表示されています。この表におけるビンカウンティングを考えてみましょう。例えば、広告をクリックした回数とクリックしていない回数に基づいて、ユーザーの**クリック率**（広告をクリックする確率）を計算できるので、それをモデルの特徴量として使用します。同様に「クエリ－広告ドメイン」の組み合わせに対するクリック率や、「0x437a45e1, qux.net.」のような「ハッシュ化されたクエリ－広告ドメイン」の組み合わせに対するクリック率も計算して使用できます。

1万人のユーザーがいるとします。One-Hotエンコーディングでユーザー名をエンコードした場合、データ点に対応するユーザーの要素だけが1で残りが0となるような長さ10000のスパースなベクトルが生成されます。そして各ユーザーに対応する列が10000個生成されます。一方、ビンカウンティングは、その10000列からクリック率を算出し、0以上1以下の実数値をとる1列の特徴量にエンコードします。

ビンカウンティングは、クリック率の代わりに、生のカウント（クリックした数とクリックしなかった数）や対数オッズ比や他の関連する確率も利用できます。後述の例（**例5-6**）は、広告のクリック率を予測するものですが、この方法は二値のクラス分類にも適用できます。さらに、二値のクラスをマルチクラスに拡張するためのテクニック（一対多のオッズ比または他のマルチクラスラベルのエンコード）を使用すれば、マルチクラス分類にも適用することができます。

ビンカウンティングのためのオッズ比と対数オッズ比

オッズ比は2つの二値変数の間で定義されます。オッズ比は「Xが真であるときにYが真になる可能性はどれくらいあるか？」という問題に基づき、二値変数間の関係の強さを測ります。例えば「一般の人と比べてアリスが広告をクリックする確率はどれくらいですか？」という形です。ここで、Xは「ユーザーがアリスか、そうでないか」であり、Yは「広告をクリックするか、しないか」という二値変数です。オッズ比の計算では、XとYの全ての組み合わせ（ユーザーがアリスの場合に広告をクリックする確率、ユーザーがアリスの場合に広告をクリックしない確率、ユーザーがアリス以外の場合に広告をクリックする確率、ユーザーがアリス以外の場合に広告をクリックしない確率）を使用します（**表5-7**）。

表5-7　ユーザーと広告のクリックの分割表

	クリック数	クリックしなかった数	合計
アリス	5	120	125
アリス以外	995	18880	19875
合計	1000	19000	20000

入力変数Xとターゲット変数Yが与えられると、オッズ比は以下のように定義されます。

$$\text{オッズ比} = \frac{P(Y=1|X=1)/P(Y=0|X=1)}{P(Y=1|X=0)/P(Y=0|X=0)}$$

この例では、オッズ比は「アリスに広告が表示された時、クリックしない確率に対してクリックする確率がどれほど高いのか」と「アリス以外のユーザーに広告が表示された時、クリックしない確率に対してクリックする確率がどれほど高いのか」の比率として解釈されます。具体的に計算すると、以下の通りになります。

$$\text{オッズ比}(user, ad\ click) = \frac{(5/125)/(120/125)}{(995/19,875)/(18,880/19,875)} = 0.7906$$

より簡単に確認する方法として、分子だけを見る方法があります。つまり、単一のユーザー（アリス）が広告をクリックする確率とクリックしない確率を調べ、比率を計算します。この方法は、多くのカテゴリを持つカテゴリ変数に適しています。

$$\text{オッズ比}(Alice, ad\ click) = \frac{5/125}{120/125} = 0.04166$$

オッズ比は極端に大きくなったり小さくなったりします（例えば、広告を全くクリックしないユーザーも広告を頻繁にクリックするユーザーも存在します）。その場合は次のようにオッズ比を対数変換すると良いでしょう。値の範囲を狭められるうえ、除算が減算に変わるので計算コストが低くなります。

$$\text{対数オッズ比}(Alice, ad\ click) = \log\left(\frac{5}{125}\right) - \log\left(\frac{120}{125}\right) = -3.178$$

まとめると、ビンカウンティングはカテゴリ変数をカテゴリに関する統計量にエンコードする方法です。この方法は、One-Hotエンコーディングによって生成された大規模でスパースな二値表現を、非常に密で小さな実数値に変えることができます（図5-2参照）。

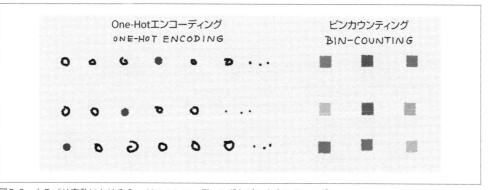

図5-2　カテゴリ変数におけるOne-Hotエンコーディングとビンカウンティング

ビンカウンティングの実装では、カテゴリとそのカテゴリに関連する統計量の組み合わせを計算しておき、保存しておく必要があります(統計量の中には、保存しないで必要になった時にその場で生のカウントから算出すればよい統計量もあるでしょう)。保存するには $O(k)$ の容量が必要となります(k はカテゴリ数です)。

Avazu が主催した Kaggle コンペ (https://www.kaggle.com/c/avazu-ctr-prediction) のデータセットを使用して、ビンカウンティングを計算してみます。データセットには広告の ID、クリックの有無、広告が表示されたサイトのドメイン、デバイス ID などの、24 の変数が含まれています。また、40,428,967 件の観測データが含まれ、2,686,408 のユニークなデバイスが含まれています。

Avazu コンペの目的は、広告のクリック率の予測でした。しかしここでは、ビンカウンティングによって非常に大きな特徴空間をどれだけ削減できるかを示します(例 5-6)。

例 5-6 ビンカウンティングの例

```
>>> import pandas as pd

# train_subsetの最初の10,000件 (約6GB) を読み込み
>>> df = pd.read_csv('data/avazu/train_subset.csv')

# device_idが何種類あるか計算
>>> len(df['device_id'].unique())
7201

# 各カテゴリに対して、下記を計算する
# Theta = [counts, p(click), p(no click), p(click) / p(no click)]

>>> def click_counting(x, bin_column):
...     clicks = pd.Series(x[x['click'] > 0][bin_column].value_counts(),
...                        name='clicks')
...     no_clicks = pd.Series(x[x['click'] < 1][bin_column].value_counts(),
...                           name='no_clicks')
...
...     counts = pd.DataFrame([clicks,no_clicks]).T.fillna('0')
...     counts['total_clicks'] = counts['clicks'].astype('int64') +
...                              counts['no_clicks'].astype('int64')
...     return counts

>>> def bin_counting(counts):
...     counts['N+'] = counts['clicks'].astype('int64')
...                    .divide(counts['total_clicks'].astype('int64'))
...     counts['N-'] = counts['no_clicks'].astype('int64')
...                    .divide(counts['total_clicks'].astype('int64'))
...     counts['log_N+'] = counts['N+'].divide(counts['N-'])
...     # ビンカウンティングのプロパティを返すだけの場合、ここでフィルタリングを実行
...     bin_counts = counts.filter(items= ['N+', 'N-', 'log_N+'])
...     return counts, bin_counts

# device_idを対象としたビンカウンティング
>>> bin_column = 'device_id'
```

```
>>> device_clicks = click_counting(df.filter(items=[bin_column, 'click']),
...                                bin_column)
>>> device_all, device_bin_counts = bin_counting(device_clicks)

# 全てのデバイスに対してビンカウンティングが行われたか確認
>>> len(device_bin_counts)
7201

>>> device_all.sort_values(by='total_clicks', ascending=False).head(4)

          clicks  no_clicks  total     N+         N-         log_N+
a99f214a  15729   71206      86935  0.180928   0.819072   0.220894
c357dbff  33      134        167    0.197605   0.802395   0.246269
31da1bd0  0       62         62     0.000000   1.000000   0.000000
936e92fb  5       54         59     0.084746   0.915254   0.092593
```

5.2.2.1　レアなカテゴリをどのように扱うのか？

めったに利用しない単語のような、レアなカテゴリには特別な扱いが必要です。例えば1年に1回しかログインしないユーザーについて考えてみましょう。そのユーザーの広告のクリック率を推定するためのデータは当然ほとんどありません。さらにレアなカテゴリは集計表を無駄に大きくします。

対処方法の一つは**バックオフ**（back-off）と呼ばれる簡単な方法です。具体的には、すべてのレアなカテゴリを1つにまとめてバックオフビン（back-off bin）という特別なビンにします（**図5-3**参照）。カウントが特定の閾値より大きい場合、各カテゴリの統計量を使用します。それ以外の場合は、バックオフビンの統計量を使用します。つまり、レアな各カテゴリの統計量の代わりに、レアなカテゴリを1つのカテゴリとしてまとめて計算した統計量を利用するということです。バックオフを使用する場合、バックオフビンの利用有無のフラグも合わせて追加すると便利です。

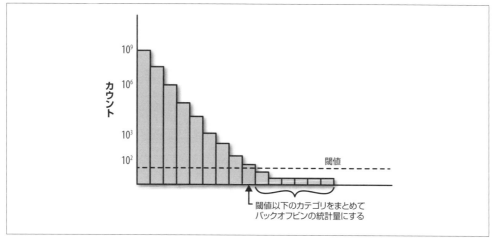

図5-3　バックオフビンによるカテゴリの集約

別の方法として、**最小カウントスケッチ**（count-min sketch）と呼ばれる方法があります［Cormode & Muthukrishnan, 2005］。この方法は、カテゴリ数kよりはるかに小さい出力範囲mを持つハッシュ関数を用いて、全てのカテゴリをハッシュ値に基づいてマッピングします。ただし、ハッシュ関数は1種類ではなくd種類あり、その種類ごとにハッシュ値を集計します。そのため$d \times m$個のビンを使用します。値を取り出すときは、カテゴリ値にd種類のハッシュ関数を適用して、それぞれのハッシュ値に紐づいているビンから値を取り出します。そして、取り出したd個の値の最小値を正式な統計量とします。多種類のハッシュ関数を使うことで、衝突の確率を下げられるというわけです。ハッシュ関数の種類数とハッシュテーブルのサイズの積である$d \times m$がカテゴリ数kよりも小さくできて、衝突の確率も低いままに抑えられるので、この方法はうまくいきます。また、ハッシュ関数の出力範囲mを小さくすることでレアなカテゴリを自然に他のカテゴリとまとめられます。

図5-4は、最小カウントスケッチが値を更新するときの流れを説明しています。右のマスはビンを表しており、行方向がハッシュ関数の種類（$d = 4$）、列方向がハッシュ値の出力範囲（$m = 10$）を表しています。アイテムi_tのカウントをc_tだけ増やす場合に、i_tのカテゴリ値にハッシュ関数$h_1, \ldots, h_d$を適用し、それぞれのハッシュ値に紐づいているビンを把握し、各ビンにc_tを加えています。

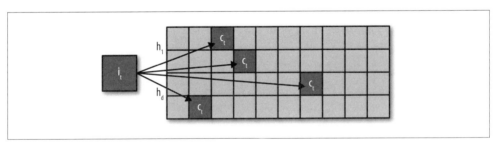

図5-4　最小カウントスケッチ

5.2.2.2　データリークへの対策

ビンカウンティングは統計量を生成するための履歴データが必要なため、データ収集を待つ必要があり、学習パイプラインにわずかな遅延が発生します。また、データの分布が変化すると、統計量を更新する必要があります。データの変更が頻繁なほど、統計量を再計算する頻度が高くなります。これは、ターゲッティング広告のようなアプリケーションでは特に重要です。なぜなら、ユーザーの好みや人気のあるクエリが迅速に変化するにもかかわらず現状の分布への適応が不十分な場合、広告プラットフォームにとって大きな損失が生じる可能性があるからです。

ここで注意点があります。統計量を計算するデータと、モデルの学習用のデータは同じものを使用してはいけません。一見使用しても良さそうですが、モデルの予測対象であるターゲット変数が統計量に関与しているのが大きな問題となります。出力となるターゲット変数の情報を入力となる

特徴量の計算に使うと、**リーク**（leakage）と呼ばれる悪質な問題が発生します。リークとは、本来与えることができない予測精度を極端に高める情報がモデルに含まれていることです。リークが発生すると学習時には高い予測精度だったモデルが、運用時には壊滅的な予測精度になったり、そもそもモデルに入力する特徴量を準備できなくなります。リークは、テストデータが学習データに混入した場合、または将来のデータが過去のデータに混入した場合に発生する可能性があります。つまり、リアルタイムで予測を行う時に、アクセスしてはならない情報がモデルに与えられるとリークが発生します。Kaggle の wiki（https://www.kaggle.com/dansbecker/data-leakage）に、リークの例となぜリークが悪いのかが載っています。

ビンカウンティングにおいて、データ点のラベルを使用して統計量の一部を計算すると、直接的なリークが発生します。これを防止する方法として、**図5-5**に示すように、ビンカウンティングの統計量の計算に利用するデータとモデルの学習に利用するデータを厳密に分離する方法があります。この図では、t_0 から t までの履歴データをビンカウンティングの統計量の計算に利用し、t から t_n までの現在のデータをモデルの学習に利用し（カテゴリ値は履歴データから計算した統計量に変換して使います）、t_n 以降の将来のデータをテストに利用しています。この方法はリークの発生を防ぎますが、前述の遅延の問題を発生させます。

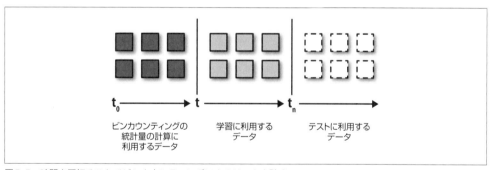

図5-5 時間を区切ることでビンカウンティングによるリークを防ぐ

もう一つの対策として、差分プライバシーを利用する方法があります。統計量に特別な偏りがあり、その偏りに予測したい答えが含まれているとリークが発生してしまいます。つまり、任意のデータ点の有無によって統計量の分布がほぼ変わらない場合には、リークの影響はほとんどありません。そのような条件を満たす統計量を**リークの影響を受けない**（leakage-proof）統計量と呼びます。実際にデータ点からのリークを防ぐには、ラプラス分布 $Laplace(0, 1)$ に従った小さなランダムノイズを統計量に加えれば十分です。この方法は leave-one-out と組み合わせることもできます [Zhang, 2015]。

5.2.2.3　発散するカウントへの対応

継続的に履歴データが与えられる場合、生のカウントは無制限に増加します。カウントの無制限な増加は、モデルに悪影響を与える可能性があります。なぜならモデルは、学習時に入力されたデータの範囲しか正確に扱えないからです。例えば、入力値xが0から5の範囲のデータによってモデルを学習させたとします。学習済みの決定木モデルは「xが3より大きい場合、1と予測します」と言うかもしれません。学習済みの線形モデルは「xに0.7を掛けて、その結果が全体平均よりも大きいかどうかを見ましょう」と言うかもしれません。これらは、xが0から5の範囲にあれば正しい可能性が高いです。しかし、それ以外の場合はどうでしょうか。それは誰にもわかりません。

入力のカウントが増加していくならば、モデルの再学習を行い、新たな入力値の範囲に対応する必要があります。もしカウントの増加が緩やかであれば、入力値の範囲の広がり方も緩やかになるので、必要となるモデルの再学習の頻度は少ないです。しかし、カウントの増加が早い場合には、モデルの再学習が頻繁に必要となります。

そのため、既知の範囲に抑えるためのカウントの正規化が有効です。正規化の1つの方法として、確率のような値の範囲が固定である指標に変換する方法があります。例えば、推定されたクリック率は0以上1以下の値をとり、値の範囲が決まっています。他の正規化の方法としては、対数変換を行う方法があります。対数変換で得られる値は決まった範囲に限られていませんが、カウント値が大きな値になるほど、対数変換後の値の増加はより緩やかになります。

いずれの正規化の方法も、入力した分布のずれを防ぐものではありません（例えば、昨年のバービー人形のスタイルが今は変わっていて、人々が古いバービー人形の広告をクリックしなくなった場合には対応できません）。入力データの分布の根本的な変化に対応するためには、モデルの再学習を行う必要があるか、パイプライン全体をオンライン学習環境に移行し、モデルを継続的に入力データに適応させる必要があります。

5.3　まとめ

この章で詳しく説明したアプローチの長所と短所についてまとめます。

普通のOne-Hotエンコーディング	
容量	$O(n)$をスパースなベクトル形式で保存します。nはデータ点の数です
計算量	線形モデルの場合、$O(nk)$です。kはカテゴリの数です
長所	・実装が簡単 ・潜在的に最も正確 ・オンライン学習が可能
短所	・計算が非効率 ・新しく現れるカテゴリへの対応が難しい ・線形モデル以外では利用が難しい ・大規模なデータセットに対応するには分散処理が必要

特徴量ハッシング	
容量	$O(n)$ をスパースな行列形式で保存します。n はデータ点の数です
計算量	線形モデルまたはカーネルモデルの場合、$O(nm)$ です。m はハッシュ値のビンの数です
長所	・実装が簡単 ・モデルの学習コストを下げる ・新しいカテゴリへの対応が容易 ・希少なカテゴリへの対応が容易 ・オンライン学習が可能
短所	・線形モデルまたはカーネル法を利用したモデルにのみ適用可能 ・ハッシュ化された特徴量は解釈不可能 ・精度に関する報告が混在しており有効性が不明

ビンカウンティング	
容量	$O(n+k)$ を使用します。各データ点の密な表現に加えて、各カテゴリに対して1つの統計量を保存する必要があります
計算量	線形モデルの場合は $O(n)$ です。木などの非線形モデルにも使用可能です
長所	・学習時の計算負担を最小限に抑える ・決定木に基づくモデルにも有効 ・新しいカテゴリに対応するのが比較的容易 ・バックオフまたは最小カウントスケッチを利用することでレアなカテゴリへの対応が可能
短所	・履歴データが必要 ・統計量の更新が遅延するため、オンライン学習に非常に向いているわけではない ・リークが発生しやすい

以上のように、いずれの方法も完璧ではありません。どの方法を使用すべきかは、利用したいモデルによって異なります。線形モデルは学習コストが安価であるため、One-Hot エンコーディングなどの非圧縮表現を扱うことができます。一方、決定木に基づくモデルでは、良い分割のために全特徴量の探索を繰り返し行う必要があるので、ビンカウンティングなどの小さな表現を使う方法に限定されます。特徴量ハッシングは、これらの2つの方法の中間に位置しますが、精度に関する報告が混在しており有効性は不明です。

5.4　参考文献

- Agarwal, Alekh, Oliveier Chapelle, Miroslav Dudik, and John Langford. "A Reliable Effective Terascale Linear Learning System." Journal of Machine Learning Research 15 (2015): 1111-1133.
- Bilenko, Misha. "Big Learning Made Easy—with Counts!" Cortana Intelligence and Machine Learning Blog, February 17, 2015. https://blogs.technet.microsoft.com/machinelearning/2015/02/17/big-learning-made-easy-with-counts/.
- Chen, Ye, Dmitry Pavlov, and John F. Canny. "Large-Scale Behavioral Targeting." Proceedings of the 15th ACM SIGKDD International Conference on Knowledge

- Discovery and Data Mining (2009): 209-218.
- Cormode, Graham, and S. Muthukrishnan. "An Improved Data Stream Summary: The Count-Min Sketch and Its Applications." Algorithms 55 (2005): 29-38.
- Graepel, Thore, Joaquin Quin-onero Candela, Thomas Borchert, and Ralf Herbrich. "Web-Scale Bayesian Click-Through Rate Prediction for Sponsored Search Advertising in Microsoft's Bing Search Engine." Proceedings of the 27th International Conference on Machine Learning (2010): 13-20.
- He, Xinran, Junfeng Pan, Ou Jin, Tianbing Xu, Bo Liu, Tao Xu, Yanxin Shi, Antoine Atallah, Ralf Herbrich, Stuart Bowers, and Joaquin Quin—onero Candela. "Practical Lessons from Predicting Clicks on Ads at Facebook." Proceedings of the 8th International Workshop on Data Mining for Online Advertising (2014): 1-9.
- Lee, Wenke, Salvatore J. Stolfo, and Kui W. Mok. 1998. "Mining Audit Data to Build Intrusion Detection Models." Proceedings of the 4th ACM SIGKDD International Conference on Knowledge Discovery and Data Mining (1998): 66-72.
- Li, Wei, Xuerui Wang, Ruofei Zhang, Ying Cui, Jianchang Mao, and Rong Jin. "Exploitation and Exploration in a Performance Based Contextual Advertising System." Proceedings of the 16th ACM SIGKDD International Conference on Knowledge Discovery and Data Mining (2010): 27-36.
- McMahan, H. Brendan, Gary Holt, D. Sculley, Michael Young, Dietmar Ebner, Julian Grady, Lan Nie, Todd Phillips, Eugene Davydov, Daniel Golovin, Sharat Chikkerur, Dan Liu, Martin Wattenberg, Arnar Mar Hrafnkelsson, Tom Boulos, and Jeremy Kubica. "Ad Click Prediction: A View from the Trenches." Proceedings of the 19th ACM SIGKDD International Conference on Knowledge Discovery and Data Mining (2013): 1222-1230.
- Weinberger, Kilian, Anirban Dasgupta, Josh Attenberg, John Langford, and Alex Smola. 2009. "Feature Hashing for Large Scale Multitask Learning." Proceedings of the 26th International Conference on Machine Learning (2009): 1113-1120.
- Yeh, Tse-Yu, and Yale N. Patt. "Two-Level Adaptive Training Branch Prediction." Proceedings of the 24th Annual International Symposium on Microarchitecture (1991): 51-61.
- Zhang, Owen. 2015. "Tips for data science competitions." SlideShare presentation. Retrieved from http://bit.ly/2DjuhBD.

6章
次元削減：
膨大なデータをPCAで圧縮

　自動化されたデータ収集と特徴量生成技術を用いることで、大量の特徴量を作り出すことが容易になってきました。しかし、生成した特徴量の全てが有用なわけではありません。**3章**と**4章**では、重要ではない特徴量を削る方法として、頻度ベースのフィルタリングと特徴量スケーリングについて紹介しました。ここでは、**主成分分析**（Principal Component Analysis, PCA）を用いた特徴量の次元を削減する手法について紹介します。

　ここで紹介する手法は、モデルベースの特徴量エンジニアリングです。これまでに紹介した手法は、データに対する処理法というよりも、単一の数値／文字ベクトルに対する処理法でした。例えば、頻度ベースのフィルタリングでは「頻度がnより小さいすべてを取り除く」といった処理が行われます。この処理自体はデータの持つ意味に依存しておらず、数値だけを取り扱うことで実現できます。

　一方で、モデルベースの手法はデータに由来する情報が必要です。例えば、PCAはデータを主要な特徴ベクトル、すなわち主成分（後述）を用いてより低い次元で表現します。これまでの章ではデータ、特徴量、モデルの間には明確な区別がありましたが、この章からはこれら3つが互いに絡みあってきます。この絡み合いは特徴量学習の最新の研究においても注目されています。

6.1　直感的な解釈

　次元削減は重要な情報を残し「価値のない情報」を取り除きます。「価値のない情報」を定義する方法はいくつもあり、PCAでは線形独立に着目しています。本書「A.2 行列の解剖学」では、データ行列の列空間を、全ての特徴ベクトルが張るベクトル空間として紹介しています。列空間の**本質的な次元**（intrinsic dimensionality）が特徴量の総数に比べて小さい場合、ほとんどの特徴量は少数の主要な特徴量の線形結合によって表せます。その場合、元のデータが持っている情報をずっと少ない特徴量で表現できる可能性があるので、線形従属な特徴量の利用はメモリとCPUの無駄です。このような無駄使いを減らすため、主成分分析はデータをずっと低次元な線形部分空間に射影します。

　特徴空間においてデータ点を描いてみましょう。各データ点はドットで表現され、データ点全体

は斑点模様を形成します[†1]。

図6-1 (a) では、データ点がf1特徴量とf2特徴量の作る平面上に散らばり空間を埋めています。列空間の次元は、線形従属関係の存在しないフルランクになっています。しかし、一部の特徴量が他の特徴量の線形結合として表せる場合、このデータの斑点模様が成す全体の形状はより「細く」見えます。図6-1 (b) を見てみると、f1特徴量はf2特徴量の定数倍となっていて、データの斑点模様が成す全体の形状が細くなっています。この場合、2次元の特徴空間であっても、その本質的な次元は1になります。

現実のデータでは、このような現象はめったに起きません。とても似た現象がおきることはありますが、この現象そのものではないのです。現実のデータの場合、例えばデータの全体像は図6-1 (c) のようになります。このデータの全体像は細く見えます。モデルに使う特徴量を減らしたい場合、f1特徴量とf2特徴量を、2つの特徴量の作る対角線上にあるf1.5特徴量として置き換えます。元々のデータセットにあるf1とf2という特徴量の代わりに、1つの特徴量（f1.5の方向に沿った位置）で表します。

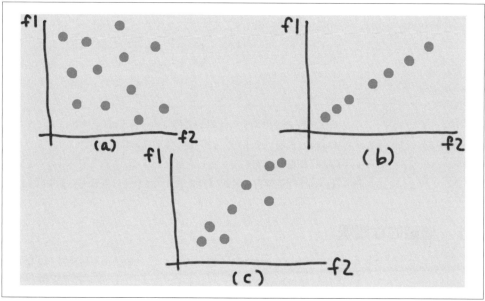

図6-1　特徴空間におけるデータ　(a) フルランクのデータ　(b) 低次元で表現可能なデータ　(c) 近似的に低次元で表現可能なデータ

重要なことは、**元の冗長な特徴量を特徴空間に含まれる情報を要約した特徴量に置き換えること**です。もともとの特徴量が2つしか無い場合は、次元削減後の特徴量がどのようなものかは簡単に

[†1] 訳注：本章ではblobを斑点と訳しました。

わかります。しかし、特徴空間の次元が数百数千次元もある場合はずっと大変です。探し求めている新しい特徴量を数学的に表す必要があります。そのためには最適化の技術を用います。

「情報の適切な要約」を数学的に定義する方法の一つとして、要約／変換されたデータが元のデータが持つ情報をなるべく減らさないようにするというやり方があります。データの斑点模様を、できるだけ正しい方向への広がり（情報）を保ったまま、平たいパンケーキのように潰したいのです。つまり、その情報の「量」を測る基準が必要なのです。

情報の量は距離と関係しています。しかし、まばらに散らばっているデータの全体に対して定義される距離は漠然とした概念なので、直感的に理解しやすいデータ点2点間の距離から求められるある種の要約統計量（最大距離、平均、分散など）を考える必要があります。データ点の集まりにおける任意の2点に対する最大距離を測ることは可能ですが、最大距離は数学的な最適化においてとても扱いが難しい関数です。代替案として、任意の2点間の距離をすべての組み合わせで求めて、その2乗平均をとる方法があります。これは中心と各点との間の平均的な距離と等価であり、分散に相当します。この分散の最適化は最大距離を用いる方法に比べたら遥かに簡単です（人生は厳しいものですので、統計屋は要領よく生きていくために楽な方法を考えだしたのです！）。すなわち数学的には、「情報の適切な要約」という問題が、新しい特徴空間におけるデータ点間の分散最大化問題へと変換されるのです。

線形代数学の公式を操るための豆知識
線形代数の世界で自分が何をしているのかを正しく理解するためには、どの量がスカラあるいはベクトルなのか、また、そのベクトルは列ベクトルなのか行ベクトルなのかを把握しておくことが必要です。行列の次元は、関心のあるベクトルが行ベクトルなのか列ベクトルなのかを表す代表的な指標なので、正しく知っておくことが重要です。行列とベクトルを長方形に描き、行列の行サイズと列サイズが想定と一致することを確認しましょう。どのくらい遠くにいったかという情報がその次元（距離の場合はマイル、速度の場合はマイル／時間など）と共に記されるように、線形代数では次元が必ず必要となります。

6.2　導出

X を n 行 d 列のデータ行列とします。ここで n はデータ点の数、d は特徴量の数です。$\mathbf{x}$ を単一のデータ点を含む列ベクトルとします（そのため、X のある1行を転置すると $\mathbf{x}$ が得られます）。以降では、$\mathbf{v}$ を新しい特徴ベクトルの1つ、すなわち求めたい主成分の一つとしましょう。

> ### 行列の特異値分解（Singular Value Decomposition, SVD）
>
> 全ての矩形行列は、ある特定の形状と特性を持った3つの行列の積に分解できます。
>
> $$X = U\Sigma V^T$$
>
> ここで U と V は直交行列（$U^TU = V^TV = I$、I は単位行列）であり、Σ は行列 X の特異値を要素に持つ対角行列です。X が n 行 d 列（ただし $n \geq d$）を持つ行列だと仮定しましょう。そうすると U は $n \times d$ 行列であり、Σ と V は $d \times d$ 行列となります（特異値分解や固有ベクトル分解に関する詳細なレビューは「A.2.2 特異値分解（SVD）」を参照）。

6.2.1 線形射影

1つずつPCAの導出を見ていきましょう。図6-2にその全プロセスを描いています。

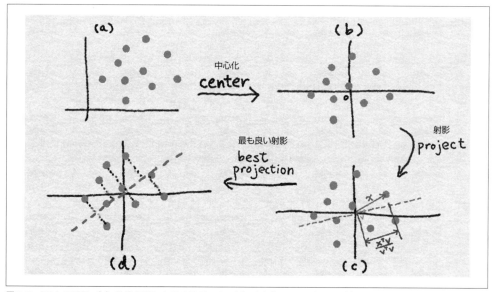

図6-2 PCAの図示 (a) 特徴空間における元データ (b) 中心化されたデータ (c) ベクトル x を射影しベクトル v とする (d) 射影された座標軸で分散が最大となる方向（X^TX の最も大きな固有値に対応する固有ベクトルの方向に等しい）を同定

PCAはデータを新しい特徴空間へ移すために線形射影を使います。図6-2 (c) は、実際に線形射影がどういうものか図示したものです。$\mathbf{x}$ を $\mathbf{v}$ の上へ射影したとき、その射影されたベクトルの

長さは、2つのベクトル $\mathbf{x}, \mathbf{v}$ の内積に比例し、さらに $\mathbf{v}$ のノルム（そのベクトル自身との内積のことです）によって正規化されます。後で、$\mathbf{v}$ が単位ノルム（ノルムが1となることです）を持つように制約を加えます。その制約によって、射影計算 $\frac{\mathbf{x}^T \mathbf{v}}{\mathbf{v}^T \mathbf{v}}$ に実際に関連する部分は分子のみになります（**式6-1**）。以降では、単位ノルムを持つ $\mathbf{v}$ を改めて $\mathbf{v}$ と呼びます。

式6-1　射影座標

$$z = \mathbf{x}^T \mathbf{v}$$

ここで、z はスカラであり、$\mathbf{x}$ と $\mathbf{v}$ は列ベクトルです。実際には、データ点は1つではなく多数あるので、スカラではなくベクトルとして z を、全てのデータの特徴ベクトル $\mathbf{v}$ への射影として定式化します（**式6-2**）。ここで、X は各行が各データ点に対応したデータ行列です。結果として得られる $\mathbf{z}$ は列ベクトルです。

式6-2　射影座標のベクトル

$$\mathbf{z} = X\mathbf{v}$$

6.2.2　分散と経験分散

次のステップでは、射影したデータの分散を計算します。分散は、データとその平均値との差の2乗の期待値として定義されます（**式6-3**参照）。

式6-3　確率変数 Z の分散

$$\mathrm{Var}(Z) = E[(Z - E(Z))^2]$$

ここで少々問題があります。上述の定義においては、平均値である $E(Z)$ については何も言及されていない一方、分散を計算するためにはあらかじめ $E(Z)$ を計算しておかなければならないのです[†2]。この問題を解決する1つの手段として、全データからその平均値をあらかじめ差し引くという方法があります。この場合、結果としてデータの平均が0となり、分散は単に Z^2 の期待値と等しいと見なせ、$E(Z)$ を計算する必要はありません。幾何学的には、平均値を差し引くことはデータを中心化するという意味合いがあります（**図6-2**（a-b）参照）。

2つの確率変数 Z_1, Z_2 に対する分散と似た統計量として、共分散があります（**式6-4**）。共分散は、（1つの確率変数に対して定義された）分散の考え方を、2つの確率変数へと拡張したものだと考えることができます。

[†2] 訳注：単純に期待値 $E(Z)$ に対する推定量として「データの平均値」を用いればよさそうだが、以降の議論から $E(Z)$（1次のモーメント）を完全に消すためにこのような表現になっています。

式6-4 確率変数 Z_1, Z_2 に対する共分散

$$\mathrm{Cov}(Z_1, Z_2) = E[(Z_1 - E(Z_1))(Z_2 - E(Z_2))]$$

その2つの確率変数の期待値がともに0である場合には、その共分散は線形相関 $E[Z_1 Z_2]$ に一致します。線形相関に関する話題はこのあとで詳しく説明します。

分散や期待値のような統計的な量はデータの分布を用いて定義されます。実際には、我々の手元には真の確率分布ではなく、観察されたデータ点 $z_1, \cdots, z_n$ のみがあり、ここから確率分布を作る必要があります。この確率分布は**経験分布**（empirical distribution）と呼ばれ、この経験分布から分散の値（経験分散）を推定します（**式6-5**）。

式6-5 データ z に基づく確率変数 Z の経験分散

$$\mathrm{Var}_{emp}(Z) = \frac{1}{n-1} \sum_{i=1}^{n} z_i^2$$

6.2.3　PCA：はじめの一歩の定式化

式6-1 における z_i の定義と組み合わせることで、**式6-6** のように、射影されたデータの分散最大化問題を定式化することができます（ここで、経験分散の分母である $n-1$ はすでに除外してあります。なぜなら、この値は定数であり最大化の計算には影響を及ぼさないからです）。

式6-6 主成分分析の目的関数

$$\max_{\mathbf{w}} \sum_{i=1}^{n} (\mathbf{x}_i^T \mathbf{w})^2, \text{ここで } \mathbf{w}^T \mathbf{w} = 1$$

ここで制約条件として、$\mathbf{w}$ 同士の内積（$\mathbf{w}$ のノルム）が1となるよう制約を課しています。これは $\mathbf{w}$ が正規化（ベクトルの長さが1となる）されていることと同値です。こうする理由は、$\mathbf{w}$ の大きさを気にせずにその方向にだけ着目すればよくなるからです。$\mathbf{w}$ の大きさは、この最大化問題においては不要な自由度であるため、適当な値（今回は1）に設定しその自由度を除去したのです。

6.2.4　PCA：行列とベクトルによる定式化

次にややトリッキーなステップが来ます。**式6-6** における2乗和の項は扱うのが厄介な項です。一般に、行列とベクトルの形式を用いたほうがより美しく数式を書き下すことができます。今回のケースもご多分に漏れず行列とベクトルの形式で書き下すことが可能なのでやってみましょう。その鍵となるのは2乗和に対して成り立つ「2乗和は、加算される項を要素として持つベクトルの2乗ノルム（ベクトルの内積）に等しい」という恒等式です。この恒等式を用いて**式6-6**を、**式6-7**のように行列とベクトル形式で書き直すことができます。

式6-7　PCAの目的関数の行列とベクトルによる定式化

$$\max_{\mathbf{w}} \mathbf{w}^T \boldsymbol{X}^T \boldsymbol{X} \mathbf{w} \quad \text{ここで} \quad \mathbf{w}^T \mathbf{w} = 1$$

このPCAの定式化は目的関数をよりわかりやすく記述しています。その意味するところは、ベクトル $\mathbf{w}$ のノルムが1となる拘束条件を満たしたうえで、出力（$\boldsymbol{X}\mathbf{w}$）が最大になるベクトル $\mathbf{w}$ の方向を探している、ということです。これはよくある最適化問題なのでしょうか？ その答えは $\boldsymbol{X}$ の**特異値分解**（singular value decomposition, SVD）にあります。最適化された $\mathbf{w}$ は $\boldsymbol{X}$ の最も大きい特異値に対応する左特異ベクトル（最も大きい固有値に対応する固有ベクトルでもある）なのです。射影されたデータは元データの主成分と呼ばれます。

6.2.5　主成分分析の一般的な解法

次に上述した最適化計算を繰り返します。例えば、今、第一主成分を計算し終えた直後としましょう。そして**式6-7**へと立ち帰り、また最適化計算を行います。ただしこの際、これから計算するベクトル（第二主成分）がすでに計算してあるベクトル（第一主成分）と直交するという条件を付け加えます。この手順を $k+1$ 番目の主成分へと一般化したものが**式6-8**です。

式6-8　第 $k+1$ 主成分に対する目的関数

$$\max_{\mathbf{w}} \mathbf{w}^T \boldsymbol{X}^T \boldsymbol{X} \mathbf{w} \quad \text{ここで} \quad \mathbf{w}^T \mathbf{w} = 1 \quad \text{and} \quad \mathbf{w}^T \mathbf{w}_1 = \cdots = \mathbf{w}^T \mathbf{w}_k = 0$$

この最適化問題の答えは、特異値が降順に並んでいるとして、$\boldsymbol{X}$ の $k+1$ 番目の左特異ベクトルとなります。最終的に**式6-6**と**式6-7**をあわせて考えると、k 番目の主成分は $\boldsymbol{X}$ の k 番目の右特異ベクトルに対応します。

6.2.6　特徴量の変換

いったん主成分を決定してしまえば、線形変換を用いて特徴量を変換することができるようになります。$\boldsymbol{X}$ のSVDを $\boldsymbol{X} = \boldsymbol{U}\boldsymbol{\Sigma}\boldsymbol{V}^T$ と書き、$\boldsymbol{V}_k$ を右特異ベクトルの最初の k 個を列として持っている行列とします。d を特徴量の数だとすると、$\boldsymbol{X}$ は $n \times d$ の次元を持ち、$\boldsymbol{V}_k$ は $d \times k$ の次元を持ちます。**式6-2**のような単一のベクトルの射影を求める代わりに、**式6-9**のように、複数のベクトルに対する射影を行うことができます。

式6-9　主成分分析から得られた射影行列

$$W = V_k$$

射影した後のデータ行列 $\boldsymbol{X}$ の値は、簡単に計算でき、簡略化することができます。これは特異

ベクトルが互いに直交しているためです（**式6-10**）。

式6-10 単純なPCAによる変換

$$Z = XW = XV_k = U\Sigma V^T V_k = U_k \Sigma_k$$

この射影後のデータ行列 Z は、最初の k 個の特異値によってスケーリングされた最初の k 個の左特異ベクトルです。このように主成分分析の結果は、主成分も射影も X のSVDを通じて得ることができるのです。

6.2.7 PCAの実装

多くの場合、PCAはまずデータを中心化し、そして共分散行列の固有値分解を行う手順で導出されます。その最も簡単な実装方法は、中心化したデータ行列に対し特異値分解を行う方法です。

PCAの実装過程

1. データ行列の中心化

    $$C = X - \mathbf{1}\mu^T$$

    ここで $\mathbf{1}$ はすべての要素が1である列ベクトルであり、μ は X の各行の平均値を要素とする列ベクトルです。

2. SVDの実行

    $$C = U\Sigma V^T$$

3. 主成分を特定する

    最初の k 個の主成分は V の最初の k 個の列です。つまり、最も大きい k 個の特異値を持つ右特異ベクトルのことです。

4. データの変換

    変換されたデータは、単に U の最初の k 列です（もし白色化が必要ならば、ベクトルを特異値の逆数でスケーリングします。逆数を用いるので、使用する特異値は非ゼロであることが必要です。詳しくは「6.4 白色化とZCA」を参照してください）。

6.3　PCAの実行

画像データに対してPCAを行い、実際にどのようにPCAが動くのかより深く理解しましょう。MNISTデータセット（http://yann.lecun.com/exdb/mnist/）について、0から9までの

手書き数値データが含まれています。元の画像は 28 × 28 ピクセルです。また、scikit-learn（http://bit.ly/2G3A3dA）にて、より解像度の低い 8 × 8 ピクセルの画像が配布されています。したがって、scikit-learn のデータは 64（8 × 8 = 64）次元のデータとなります。**例6-1**にて PCA を実行し、第3主成分までを用いてデータを可視化してみましょう。

例6-1　scikit-learn の数値データセット（MNIST の一部）に対する主成分分析

```
>>> from sklearn import datasets
>>> from sklearn.decomposition import PCA

# データの読み込み
>>> digits_data = datasets.load_digits()
>>> n = len(digits_data.images)

# それぞれの画像は 8×8 の配列としてあらわされている
# この配列をPCAへの入力とするために1次元へと倒す
>>> image_data = digits_data.images.reshape((n, -1))
>>> image_data.shape
(1797, 64)

# 各画像の数値の正解ラベルを取得
>>> labels = digits_data.target
>>> labels
array([0, 1, 2, ..., 8, 9, 8])

# データセットに対してPCAを適用する
# 主成分の数は、少なくとも全体の分散の80%が説明できる水準となるよう自動的に選ばれる
>>> pca_transformer = PCA(n_components=0.8)
>>> pca_images = pca_transformer.fit_transform(image_data)
>>> pca_transformer.explained_variance_ratio_
array([ 0.14890594, 0.13618771, 0.11794594, 0.08409979, 0.05782415,
        0.0491691 , 0.04315987, 0.03661373, 0.03353248, 0.03078806,
        0.02372341, 0.02272697, 0.01821863])
>>> pca_transformer.explained_variance_ratio_[:3].sum()
0.40303958587675121

# 結果を可視化する
>>> import matplotlib.pyplot as plt
>>> from mpl_toolkits.mplot3d import Axes3D
>>> %matplotlib notebook
>>> fig = plt.figure()
>>> ax = fig.add_subplot(111, projection='3d')
>>> for i in range(100):
...     ax.scatter(pca_images[i,0], pca_images[i,1], pca_images[i,2],
...     marker=r'${}$'.format(labels[i]), s=64)

>>> ax.set_xlabel('Principal component 1')
>>> ax.set_ylabel('Principal component 2')
>>> ax.set_zlabel('Principal component 3')
```

図6-3に、射影された後の最初の100個のデータで表現されたデータを3次元プロットとして表

示しています。データ点を表すマーカーは、画像のラベル（正解の数字）を表します。第1〜3主成分までで、データ全体の分散の約40%を説明します。これは決して完璧な方法ではありませんが、お手軽に高次元のデータを低次元で可視化することができます。可視化された結果を見ると、PCAによって、字面として似ている数字が近い位置に集まっていることがわかります。例えば、数字の0と6、1と7、そして3と9が近しい位置に配置されています。この3次元空間は大まかに言って、0、4、6の属する領域とそれ以外の残りの数字が属する領域に分割できます。

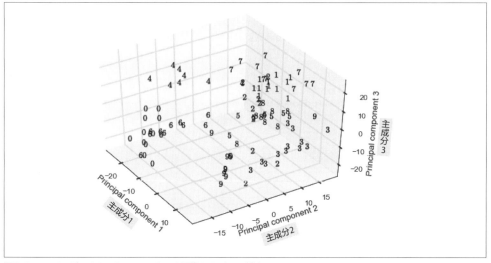

図6-3　MNISTデータのPCA。マーカーは画像のラベルに対応

異なる数値同士が重なっている部分がかなり存在するため、この射影された空間において線形モデルの分類器を構築し数値同士を分類することは難しいでしょう。したがって、タスクが手書き数字を分類することであり、かつ、そこで使用するモデルが線形分類器である場合、最初の3つの主成分は特徴量として十分ではないのです。しかし、64次元のデータをたった3次元でどのくらい表現できるかを確かめてみるのは面白いでしょう。

6.4　白色化とZCA

目的関数に課される主成分ベクトル同士の「直交性条件」により、PCAによる変換は良い副作用をもたらします。それは、変換された特徴量はお互いに相関を持たない（無相関になる）ということです。線形代数の言葉に言い換えるなら、特徴ベクトル間の内積が0になるということです。この事実は次の特異ベクトルの直交性条件を用いて簡単に証明することができます。

$$Z^T Z = \Sigma_k U_k^T U_k \Sigma_k = \Sigma_k^2$$

最終的な結果は、特異値の2乗を要素とする対角行列です。特異値の2乗は、各特徴ベクトルの自分自身との相関を表しており ℓ^2（2乗ノルム）としても知られています。

場合によっては、特徴量のスケールを1に規格化すると便利です。信号処理の用語では、これは**白色化（whitening）**とも呼ばれています。この操作により、大きさが1で相関が0となる特徴ベクトルの集合が得られます。数学的には、白色化は特異値の逆行列を主成分分析による変換結果にかける操作と等価です（**式6-11**参照）。

式6-11　PCA＋白色化

$$W_{white} = V_k \Sigma_k^{-1}$$
$$Z_{white} = XV_k \Sigma_k^{-1} = U\Sigma V^T V_k \Sigma_k^{-1} = U_k$$

白色化は次元削減とは独立な操作であり、次元削減だけあるいは白色化だけを実行することもできます。例えば、**ゼロ位相成分分析（zero-phase component analysis, ZCA）**はPCAと密接に関連した白色化の手法ですが、次元削減は行いません。ZCAによる白色化では、次元削減なしに全ての主成分 V を用い、さらに**式6-12**に示すように V^T をかける操作が追加されています。

式6-12　ZCAによる白色化

$$W_{ZCA} = V\Sigma^{-1}V^T$$
$$Z_{ZCA} = XV\Sigma^{-1}V^T = U\Sigma V^T V\Sigma^{-1}V^T = UV^T$$

式6-10に示したPCAは新しい特徴空間における座標系を生成し、主成分は基底ベクトルとしての役割を持ちます。この座標系は射影されたベクトルの長さのみを表現しており、その方向まで表現するものではありません。射影されたベクトルの長さと主成分を掛け合わせることにより、長さに加えて方向を得ることができます。また別の解釈としては、乗算が座標系を回転させ、元の特徴空間での表現に戻す、というものがあります（V は直交行列であり、直交行列は乗算される対象の長さを変えることなく、その向きだけを変える機能があります）。したがって、ZCAによる白色化を用いることで、元データにできるだけ（ユークリッド距離の意味で）近い白色化されたデータを取得できるのです。

6.5　PCAの考察と限界

次元削減のためにPCAを用いる際に問題となるのは、第何主成分までを使えばよいのか決めなければならないことです。その他のハイパーパラメータと同様に、この値はモデルの結果に基づいてチューニングされます。しかし、計算負荷が高くない方法でヒューリスティックに決めることもできます。

それは「全体の分散の何パーセントが説明できるか？」という基準をもとに第何主成分までを使うのかを決めるという方法です（この手法はscikit-learnのパッケージを用いて実行することができます）。k番目の主成分で説明できる分散は以下のように計算できます。

$$||\boldsymbol{X}\mathbf{v}_k||^2 = ||\mathbf{u}_k \sigma_k||^2 = \sigma_k^2$$

ここで、σ_k^2は$\boldsymbol{X}$のk番目に大きい特異値の2乗です。特異値をその大きさの順に並べたものは**スペクトル（spectrum）**と呼ばれます。したがって、いくつの主成分を使うかを決めるためには、データ行列のスペクトルを求め、分散が十分大きな値を持つと見なせる閾値を選定すればよいのです。

説明される分散の値に基づいてkを決める

データの全体の分散の80%を説明するのに十分な主成分の個数を決めるためには、以下のようにkを選択します。

$$\frac{\sum_{i=1}^{k} \sigma_i^2}{\sum_{i=1}^{d} \sigma_i^2} \geqq 0.8$$

kを選ぶもう1つの方法は、データセットの本質的な次元を見極めるということです。これは曖昧な概念ですが、スペクトルからも決定できます。スペクトルに少数の大きな特異値と多数の小さな特異値が含まれている場合、最も大きい特異値のみを使用して残りを使用しない、とすることができます。もちろん、残りの特異値が小さいとは言えない場合もありますが、使用する特異値の最小値と残りの特異値の最大値の間に大きなギャップがあればよいのです。このような方法も合理的な選択法になりえます。この方法はスペクトルを可視化してチェックする必要があるため、自動化されたデータ処理パイプラインの一部として実行することはできません。

PCAへの主な批判の1つは、その変換がかなり複雑であるため結果を解釈するのが難しいということです。主成分と射影ベクトルは実数値であり、正負のどちらも取りえます。主成分は本質的には（中心化された）行の線形結合であり、射影された値は列の線形結合です。例えば、株価収益率に対する応用においては、主成分（金融業界ではしばしばファクタとも呼ばれます）は株式収益率のある時点での線形結合として表現されます。一体、得られた主成分は何を意味するのでしょうか？学習された主成分について人間が理解できるような形でその理由を説明することは難しいことです。したがって、金融アナリストはその結果を信用しにくくなります。もし、何十億という他人のお金を、何故ある特定の株式に投資すべきなのか説明できない場合には、おそらくそのモデルを使おうとは思わないでしょう。

また、PCAの計算コストは高く、それはSVDに起因します。ある行列の特異値をすべて計算するためには、$n \geq d$とすると計算のオーダーは$O(nd^2 + d^3)$となります［Golub and Van Loan, 2012］。もしk個の主成分のみが必要であっても、truncated SVD（大きい順に指定した個数kの

特異値と特異ベクトルを計算する方法）を計算するには $O((n+d)^2 k) = O(n^2 k)$ オーダーの計算コストがかかります。これは、データや特徴量の数が多い場合には不可能です。

また、PCAをストリーミング形式[†3]、バッチ更新形式[†4]、またはデータの一部だけから実行するのは困難です。SVDのストリーミング計算、SVDの更新、および一部のデータからのSVDは難しいものであり、研究対象となり得るレベルなのです。アルゴリズムは存在しますが、それには精度の低下が伴います。学習データから計算した主成分でテストデータを射影すると、テストデータをうまく表現できないと予想されます。実際には、データの分布が変わる度に主成分を再計算する必要があるのです。

最後に、生のカウントデータ（単語数、音楽再生回数、映画視聴回数など）にPCAを適用しないことをお勧めします。これは、そのようなカウントデータには大きな外れ値（outlier）が含まれていることが多いからです（「ロード・オブ・ザ・リング」を314,582回見てしまい、他の視聴者の視聴回数を小さく見せてしまうような熱狂的なファンがいる確率はかなり高いのです）。すでに知っているように、PCAは特徴量間の線形相関を探します。相関および分散は、異常値に対して非常に脆く、ある1つの外れ値が相関や分散を大きく変えてしまう可能性があります。したがって、大きな値のデータを最初に間引いてしまうか（「3.2.2 頻度に基づく単語除去」参照）、TF-IDF（**4章**）や対数変換（「2.3 対数変換」参照）のようなスケーリング変換を適用することをお勧めします。

6.6　ユースケース

PCAでは、特徴量間の線形相関を手掛かりに特徴空間の次元を削減します。PCAにはSVDが関係しているため、PCAは数千以上の特徴量を持つデータに対しては非常に計算コストがかかります。しかし、データの特徴量が少数の実数値からなる場合には試してみる価値があります。

PCAによるデータの変換は、次元を削減するためデータの持つ情報を破棄します。したがって、PCAの結果を用いる場合、モデルの学習過程においては少ない計算コストで済むかもしれませんが、それほど精度の高いモデルにはならないでしょう。MNISTデータでは、PCAによって次元削減したデータを使用すると、分類モデルの精度が低下することがあります。この場合、PCAを使うメリットとデメリットの双方が存在するのです。

PCAの最も素晴らしい応用の1つは時系列の異常検出です。[Lakhina et al., 2004]では、PCAを使用してインターネットトラフィックの異常検知と診断を行いました。彼らはその流量の異常、すなわち、あるネットワーク領域から別のネットワーク領域へのトラフィック量の急増または急低下に焦点を当てました。このような突発的な変化は、ネットワークの設定ミスや組織的なDoS攻撃の可能性を示唆しています。いずれの場合にしても、いつどこでそのような変化が発生するかを知ることは、インターネット事業者にとって意味のあることです。

[†3]　訳注：順次流れてくるデータを逐次処理する形式。
[†4]　訳注：順次流れてくるデータをある程度のサイズの塊にまとめて処理する形式。

インターネット上には大量のトラフィックが存在するので、ある小さな一部の領域における孤立した異常は検出しにくいのです。少数のバックボーンリンクがトラフィックの大部分を処理します。彼らの研究の主な主張は、流量の異常が複数のリンクに同時に影響する、ということです（これは、ネットワークパケットは複数のノードを経由して宛先に到達する必要があるためです）。各リンクを特徴量として扱い、各タイムステップでのトラフィック量を測定データとして扱います。1つのデータ点は、各時刻での各リンクにおけるトラフィック量です。このデータが成す行列の主成分は、ネットワーク上の全体的なトラフィックの傾向を示します。残りの主成分は残差となる信号を表し、そこには異常信号が含まれています。

またPCAは金融のモデリングでよく使用されます。これらの応用では、PCAは**因子分析（factor analysis）** の一種として解釈されます。これは少数の観察されない因子の存在を仮定して、それらの因子によってデータを説明することを目的とする統計的手法の1つです。因子分析の応用において、その目的はデータを変換することではなくデータの挙動を説明することのできる因子を見つけることです。

例えば、株式収益率のような金融業界で定義される量は相互に関連しあっています。株式は同時に上下に値動きしたり（正の相関関係の場合）、反対方向に値動きしたりすることがあります（負の相関関係の場合）。ボラティリティ（volatility）[†5]のバランスを制御しリスクを軽減するためには、投資ポートフォリオに互いに相関のない多種多様な株式を組み込むことが必要です（有名な投資の格言：すべての卵を1つのカゴに入れてはいけない！）。したがって、株式同士の強い相関を見つけることは、投資戦略の決定に役立ちます。

株式間の相関は、業界全体に対しても計算可能です。例えば、ハイテク株同士は一緒に値動きする可能性がある一方、石油価格が高い場合は航空株が下がる傾向にあるでしょう。しかし、業界という要因は最終的な投資成果を説明する最良の因子ではないかもしれません。金融アナリストは、観察された統計値における予期しない相関を探します。特に**統計的ファクタモデル（statistical factor model）** [Connor, 1995] では、株式を動かす共通要因を見つけるために、個々の株式収益率の時系列データに対してPCAを実行します。この応用例では、最終的なゴールは変換されたデータではなく、主成分そのものを得ることです。

一方、ZCAは画像データを学習する際の前処理ステップとして役立ちます。自然物の画像においては、隣接するピクセルはおおむね同様の色をしています。ゼロ位相成分白色化はこの相関関係を取り除くことができます。これにより、その後のモデリング作業においては、画像のより面白い構造を見つけ出すことに集中することができます。論文 "Learning Multiple Layers of Features from Tiny Images"（http://bit.ly/2ts42tc）[Krizhevsky, 2009] には、日常の画像に対するゼロ位相成分白色化の効果を示す素晴らしい例が含まれています。

多くの深層学習モデルでは、PCAやZCAを前処理ステップとして使用しますが、必ずしも使用する必要はありません。Ranzatoらは "Factored 3-Way Restricted Boltzmann Machines

---

[†5] 訳注：ここでは株式収益率の標準偏差だと考えておけばよいでしょう。

for Modeling Natural Images, 2010"（http://bit.ly/2D7hKkK）［Ranzato et al., 2010］において、「白色化は必要ではないが、アルゴリズムの収束をスピードアップする」と述べています。Coatesらは、"An Analysis of Single-Layer Networks in Unsupervised Feature Learning, 2011"（http://stanford.io/2oVhBvu）［Coates et al., 2011］において、ゼロ位相成分白色化がいくつかのモデルに対しては有用となるが、すべてのモデルに対して有用なわけではないことを見出しました（この論文におけるモデルは教師なしの特徴量学習モデルであるため、ZCAは他の特徴量エンジニアリング手法の入力となるデータを作るための特徴量エンジニアリング手法として使用されています。このようなスタッキング（stacking）やチェイング（chaining）は機械学習パイプラインにおいては一般的なものです）。

6.7 まとめ

ここではPCAについてのまとめを行います。PCAについて覚えておきたいことは2つあります。それは、メカニズム（線形射影）と目的関数（射影されたデータの分散を最大化する）です。この最適化問題の解は、共分散行列の固有値分解を含んでおり、これはデータに対するSVDと密接に関連しています。PCAのイメージは、データを押し潰してできるだけふわっとしたパンケーキを作る、です。

PCAはモデル駆動の特徴量エンジニアリングの例です（今回に限らず、目的関数が登場してくる時はいつでも、その背後には何らかのモデルが潜んでいると考えるべきです）。モデリングの前提となる仮定は、データの分散がデータに含まれる情報そのものを適切に反映していることです。この仮定は、分散共分散行列にのみ着目する操作という意味において、モデルが特徴量間の線形相関を扱うことと等価です。PCAは応用例として、相関を減らす、あるいは、入力データを説明する共通の要因を見つけるために使用されます。

PCAはよく知られている次元削減方法です。しかし、計算コストが高く、解釈可能な結果が得られないなどの限界もあります。PCAは特徴量間に線形相関がある場合、前処理ステップとして役立ちます。

線形相関を排除する方法として見れば、PCAは白色化の概念に関係しています。PCAのいとこであるZCAは解釈可能な方法でデータを白色化しますが、次元削減はしません。

6.8 参考文献

- Bell, Anthony J. and Terrence J. Sejnowski. "Edges Are the 'Independent Components' of Natural Scenes." Advances in Neural Information Processing Systems 9 (1996): 831-837.
- Coates, Adam, Andrew Y. Ng, and Honglak Lee. "An Analysis of Single-Layer Networks in Unsupervised Feature Learning." Proceedings of the 14th International

- conference on Artificial Intelligence and Statistics (2011): 215-223.
- Connor, Gregory. "The Three Types of Factor Models: A Comparison of Their Explanatory Power." Financial Analysts Journal 51:3 (1995) 42-46.
- Golub, Gene H., and Charles F. Van Loan. "Matrix Computations. 4th ed." Baltimore, MD: Johns Hopkins University Press, 2012.
- Krizhevsky, Alex. "Learning Multiple Layers of Features from Tiny Images." MSc thesis, University of Toronto, 2009.
- Lakhina, Anukool, Mark Crovella, and Christophe Diot. "Diagnosing Network-wide Traffic Anomalies." Proceedings of the 2004 Conference on Applications, Technologies, Architectures, and Protocols for Computer Communications (2004): 219-230.
- Ranzato, Marc'Aurelio, Alex Krizhevsky, and Geoffrey E. Hinton. "Factored 3-Way Restricted Boltzmann Machines for Modeling Natural Images." Proceedings of the 13th International Conference on Artificial Intelligence and Statistics (2010): 621-628

7章
非線形特徴量の生成：
k-meansを使ったスタッキング

　線形部分空間において平らなパンケーキのようにデータが広がっている場合には、PCAは非常に有用です。しかしデータが複雑な形をしている場合はどうしたらいいでしょうか[†1]。実はこれから説明するように、これまでに扱った平面（線形部分空間）は**多様体**（manifold）（非線形部分空間）に一般化できます。多様体は延ばしたり丸めたりできる曲面のようなものだと考えるとよいでしょう[†2]。

　線形部分空間が平らな紙だとすると、くるくると丸めた紙は非線形多様体の簡単な例です。正式な名称ではありませんが、この多様体は**スイスロール**（Swiss roll）と呼ばれています（図7-1参照）。丸めることで、2次元平面が3次元空間内に存在するようになります。しかし本質的には2次元のままです。「6.1 直感的な解釈」で説明した低次元性を持つと言いかえてもよいでしょう。もしスイスロールを元に戻せたら、もとの2次元平面を復元できます。これこそが**非線形次元削減**（nonlinear dimensionality reduction）のゴールです。非線形次元削減では、多様体が存在している次元よりも小さな次元の多様体を仮定し、丸まった多様体をもとに戻そうとします。

　これを実現するにあたって鍵となるアイデアは、大きな多様体が複雑な形に見えても、各データ点の近傍は平らなパッチ[†3]で十分よく近似できることです。つまり、局所的な構造を表すパッチの集まりで、大域的な全体の構造を表現します[†4]。非線形次元削減は**非線形埋め込み**（nonlinear embedding）や**多様体学習**（manifold learning）とも呼ばれます。高次元のデータを低次元に圧縮

[†1] この章は、有名な開発者でApacheの現役のコントリビューターであるTed Dunning（http://www.oreilly.com/pub/au/5873）との会話から着想を得ています。スタッキングの例はTedからもらったものです。それだけでなく有益なコメントもたくさんいただきました。もし個々の章に共著者を加えてもいいなら、この章の共著者はTedになるでしょう。

[†2] この章では「曲面」と「多様体」を同じ意味で使います。2次元多様体を3次元空間に埋め込む場合には同じ意味でよいのですが、実は3次元より大きい次元の場合には齟齬が生じます。高次元の多様体は、私たちが持つ「曲面」のイメージとは一致しません。変わった多様体のなかには、穴があるものや、水が流れ続けるエッシャーの騙し絵のように、現実の3次元の世界では表現できない繋がり方をしているものがあります。ただし心配する必要はありません。多くのモデルは、変わった多様体ではなく性質の良い多様体を仮定しています。

[†3] 訳注：パッチとは小さな「あて布」を指します。作業服に空いた穴をふさぐ時に使用するような布片です。diffコマンドなどから作成されるパッチも、あて布に由来しています。

[†4] これは数学においておなじみのアイデアです。例として微分があります。関数の微分は各点における変化の速さを表します。大域的には変わった形の関数でも、局所的には接線によって近似できます。逆に各点における微分が既知の場合には、関数のおおよその形を復元できます。

する場合に有用で、2次元や3次元のプロットで可視化したい場合によく使われます。

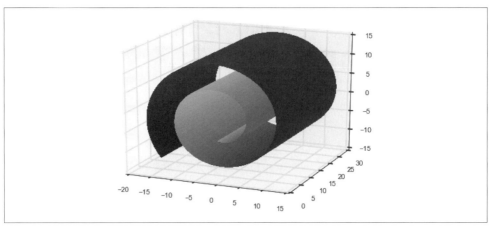

図7-1　スイスロール（非線形多様体の例）

　しかし、特徴量エンジニアリングのゴールは特徴量の次元をできるだけ小さくすることではなく、タスクのために良い特徴量を作ることでした。そこで、この章では次元削減にはこだわらず、局所的な構造の学習によってデータの空間的な特徴を表現できている特徴量が良いと考えます。

　以降ではクラスタリングにより、データの局所構造を学習して特徴量を生成する手法について解説します。通常、クラスタリングはその学習を実現するためのテクニックとしては説明されませんが、実はそのような利用方法もあります。近くの点は同じクラスタに所属するからです（近さは、後述するメトリックによって決まります）。クラスタリングの結果を使うと、データ点を各クラスタ成分（各クラスタへの所属の強さ）を要素としたベクトルで表現できます。クラスタの個数が元の特徴量の数より小さい場合には、データを低い次元に圧縮したことになります。

　次元削減とは異なり、クラスタリングは特徴量の数を増やしてしまう場合もあるかもしれません。しかし、最終的なゴールが可視化ではなく特徴量エンジニアリングであれば、これは大きな問題ではありません。

　これからk-meansと呼ばれるクラスタリングのアルゴリズムで、局所的な構造を学習するテクニックを説明します。理解しやすくて実装も簡単です。k-meansは非線形多様体の次元を削減するというよりも非線形多様体の特徴量を抽出します。正しく使えば、特徴量エンジニアリングのレパートリーの一つとして強力な武器となるでしょう。

7.1　*k*-means

k-meansはクラスタリングのアルゴリズムの一つです。クラスタリングは、データの空間的な分布情報を使ってデータをグループに分けます。クラスタリングは正解となるラベルのようなものをいっさい必要としないので、**教師なし**（unsupervised）学習と呼ばれます。ラベルを推定するのはアルゴリズムの仕事で、データの分布だけから決まります。

クラスタリングのアルゴリズムは**メトリック**（metric）を必要とします。メトリックとはデータ点の近さをどう計算するか決めるものです。最も広く使われているメトリックはユークリッド距離で、ユークリッド幾何学に由来しています。ユークリッド距離は2点の間の直線距離です。毎日現実の世界で見ている物理的な距離なので、とても自然に感じるでしょう。

ベクトル $\mathbf{x}$ とベクトル $\mathbf{y}$ の間のユークリッド距離は $\mathbf{x} - \mathbf{y}$ の ℓ^2 ノルムです（ℓ^2 ノルムについてもっと知りたい人は「2.4.3 ℓ^2 正規化」を参照）。式では普通 $\|\mathbf{x} - \mathbf{y}\|_2$ もしくは単に $\|\mathbf{x} - \mathbf{y}\|$ と書きます。

k-meansはハードクラスタリングの一種です。ハードクラスタリングとは、各データ点がただ1つのクラスタに割り付けられることを意味します。*k*-meansの計算過程では、あるクラスタの中心とそのクラスタに所属する各データ点の間のユークリッド距離の総和を求めます。他のすべてのクラスタについても同様に総和を求め、さらにそれらの総和を合計します。*k*-meansはその合計が最も小さくなるように、各データ点が所属するクラスタと、各クラスタの中心を求めます。文章よりも数式が好きな人のために、最小化すべき目的関数を書くと次になります。

$$\min_{C_1,\ldots,C_k,\boldsymbol{\mu}_1,\ldots,\boldsymbol{\mu}_k} \sum_{i=1}^{k} \sum_{\mathbf{x} \in C_i} \|\mathbf{x} - \boldsymbol{\mu}_i\|_2$$

各クラスタ C_i はデータ点の部分集合です。クラスタ i の中心 $\boldsymbol{\mu}_i$ は、そのクラスタに所属するすべてのデータ点の平均値に等しくなります。

$$\boldsymbol{\mu}_i = \sum_{\mathbf{x} \in C_i} \frac{\mathbf{x}}{n_i}$$

ここで、n_i はクラスタ i に所属するデータ点の数を表します。

図7-2は2つの異なるデータセットに対して*k*-meansを適用した結果で、どのように空間を分割するかを示しています。(a)のデータは、4つの二変量正規分布からランダムに生成しました。その4つの正規分布は分散共分散行列は同じですが平均が異なります。(c)のデータは、2次元の一様分布からランダムに生成しました。これらのデータセットをクラスタリングするのは簡単で、*k*-meansもうまくいきます（指定するクラスタの個数によっては結果がガラリと変わるかもしれません）。

7章　非線形特徴量の生成：k-meansを使ったスタッキング

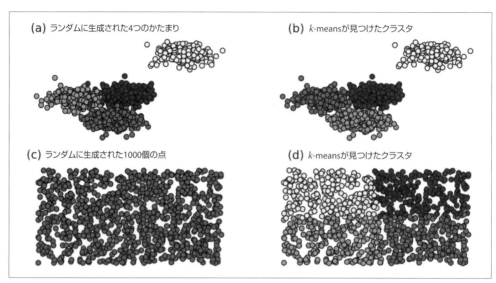

図7-2　k-meansの適用例

この例のコードは**例7-1**になります。

例7-1　k-meansの適用例を実行するコード

```
>>> import numpy as np
>>> from sklearn.cluster import KMeans
>>> from sklearn.datasets import make_blobs

>>> import matplotlib.pyplot as plt

>>> n_data = 1000
>>> seed = 1
>>> n_centers = 4

# 4つの二変量正規分布に従うデータを生成しk-meansを実行する
>>> blobs, blob_labels = make_blobs(n_samples=n_data, n_features=2,
...                                 centers=n_centers, random_state=seed)
>>> clusters_blob = KMeans(n_clusters=n_centers, random_state=seed).fit_predict(blobs)

# 2次元の一様分布に従うデータを生成しk-meansを実行する
>>> uniform = np.random.rand(n_data, 2)
>>> clusters_uniform = KMeans(n_clusters=n_centers,
...                           random_state=seed).fit_predict(uniform)

# 結果を可視化するためのMatplotlibのおまじない
>>> figure = plt.figure()
>>> plt.subplot(221)
>>> plt.scatter(blobs[:, 0], blobs[:, 1], c=blob_labels, cmap='gist_rainbow')
>>> plt.title('(a) Four randomly generated blobs', fontsize=14)
```

```
>>> plt.axis('off')

>>> plt.subplot(222)
>>> plt.scatter(blobs[:, 0], blobs[:, 1], c=clusters_blob, cmap='gist_rainbow')
>>> plt.title('(b) Clusters found via K-means', fontsize=14)
>>> plt.axis('off')

>>> plt.subplot(223)
>>> plt.scatter(uniform[:, 0], uniform[:, 1])
>>> plt.title('(c) 1000 randomly generated points', fontsize=14)
>>> plt.axis('off')

>>> plt.subplot(224)
>>> plt.scatter(uniform[:, 0], uniform[:, 1], c=clusters_uniform, cmap='gist_rainbow')
>>> plt.title('(d) Clusters found via K-means', fontsize=14)
>>> plt.axis('off')
```

7.2　パッチで覆うためのクラスタリング

　一般に、クラスタリングは複数の自然なクラスタを見つけるために使われます。クラスタとはデータが密集している領域を意味します。図7-2の(a)のような状況では、クラスタの個数の「正解」が存在します。そのため、クラスタの個数kを決めるために、どの程度うまくグルーピングできているかを測る指標が考案されました。

　しかしながら、データが図7-2の(c)のように一様に広がっている場合には、正解と言えるクラスタの個数はもはや存在しません。この場合、クラスタリングの役割は、データをk個のかたまりに小分けにして、データをk次元のベクトルで表現することです。このように表現することを**ベクトル量子化**（vector quantization）と呼びます。元のデータの代わりにk次元ベクトルで近似して表現すると誤差が生じます。その誤差をどれぐらい許容できるかによってクラスタの個数を決めることができます。

　このk-meansの使い方は、図7-3のようにパッチでデータの表面を覆うイメージです。実際にスイスロールのデータにk-meansを適用すると、この図のようになります。

　例7-2は、scikit-learnを使ってスイスロール上にランダムにデータを生成し、k-meansを使ってクラスタリングし、Matplotlibを使ってその結果を可視化するコードです。データ点は所属するクラスタのIDにしたがって色分けされます。

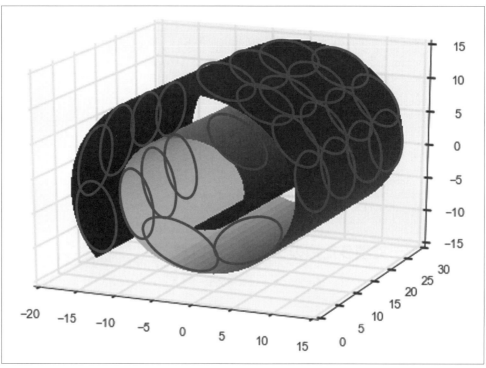

図7-3　クラスタリングによってスイスロールをパッチで覆うイメージ

例7-2　スイスロール上のデータにk-meansを実行する

```
>>> from mpl_toolkits.mplot3d import Axes3D
>>> from sklearn import manifold, datasets

# スイスロール上にランダムにデータを生成する
>>> X, color = datasets.samples_generator.make_swiss_roll(n_samples=1500)

# k-meansでそのデータを100個のクラスタで近似する
>>> clusters_swiss_roll = KMeans(n_clusters=100, random_state=1).fit_predict(X)

# 所属するk-meansのクラスタIDごとに色分けをしてデータをプロットする
>>> fig2 = plt.figure()
>>> ax = fig2.add_subplot(111, projection='3d')
>>> ax.scatter(X[:, 0], X[:, 1], X[:, 2], c=clusters_swiss_roll, cmap='Spectral')
```

この例では、スイスロール上にランダムに1,500個のデータ点を生成し、k-meansでそのデータを100個のクラスタで近似しています。どうやって100という数字を決めたかというと、スイスロールのように空間の次元がさほど大きくない場合には100もあれば十分と思ったからです。結果（**図7-4**）はうまくいっているように見えます。確かに各クラスタはパッチのようになっており、多様体上で離れている部分はクラスタも別になっています。

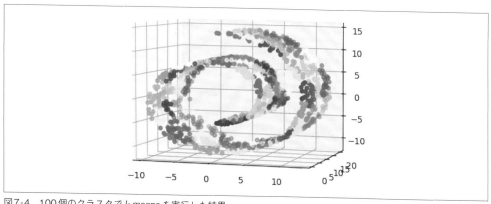

図7-4　100個のクラスタで k-means を実行した結果

問題はクラスタの個数 k を小さくしすぎた場合です。その場合には、多様体学習の観点からは結果があまり良くありません。**図7-5**は先ほどのスイスロールの例で、$k=10$ で実行した場合の結果です。多様体上で離れている部分が同じクラスタになってしまっています（例えば、黄色、紫、緑、マジェンタのクラスタです。本書の GitHub リポジトリ内のファイル［https://github.com/HOXOMInc/feature-engineering-book/7-2.ipynb］を開いてカラーの図を見てみてください）。

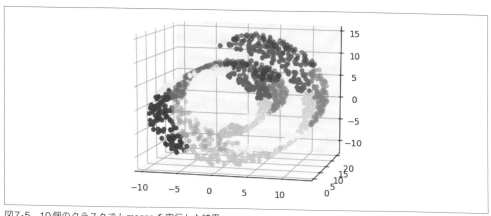

図7-5　10個のクラスタで k-means を実行した結果

データが一様に分布している場合、正しい k を選ぶのは「球充填問題」に帰着します。k-means の各クラスタは球だからです。球の半径 r は、球に含まれるデータをクラスタの中心で近似した場合の最大誤差に相当します。データが d 次元の特徴空間に存在する場合、おおまかに言って $1/r^d$ 個の球でデータを覆うことができます。その理由を説明します。1辺の長さが1である d 次元の立方体（体積は $1^d = 1$）に、データが収まっているとします。小さな半径 r の球の体積は（定数）$\times r^d$

なので、定数分を無視すると$O(1/r^d)$個の球があれば立方体を満たす計算になるからです。

一様分布はk-meansにとって最悪なケースです。もしデータが一様に分布していなければ、もっと少ないクラスタでデータを表現できます。しかし、高次元空間にデータがどのように分布しているか知るのは、一般的に難しいです。保守的に考えて大きいkを選ぶ人もいるでしょう。しかし大きすぎないようにして下さい。kは次のモデリングの段階で特徴量の数になるからです。

7.3 k-meansによるクラス分類用の特徴量生成

k-meansの結果、所属するクラスタのIDを用いてデータ点を表現できます。また、そのIDをカテゴリ変数と見なしてOne-Hotエンコーディングした、スパースなk次元ベクトルでも表現できます（「5.1.1 One-Hotエンコーディング」参照）。

もしターゲット変数が利用可能ならば、その情報をクラスタリングのヒントにする方法もあります。そのうちの1つは、ターゲット変数も入力特徴量に含めてk-meansを実行するという単純な方法です。この方法では、元の特徴空間における類似度とターゲット変数の値の類似度が同程度の重みで考慮されます。なぜならk-meansはすべての入力次元から計算されるユークリッド距離の総和を最小化するからです。クラスタリング実行前にターゲット変数の値をスケーリングすることで、重みのバランスを変えることもできます。ターゲット変数の重みを大きくすれば、クラス分類の境界をより重視したクラスタリングの結果になるでしょう。

k-meansによる特徴量生成

クラスタリングのアルゴリズムは、データが空間内でどのように広がっているか、または分布しているかを解析します。そのため、k-meansを使って特徴量を生成すると、データの空間情報を圧縮したクラスタIDを作れます。そして、そのクラスタIDを次のモデリングの段階で使用できます。つまり、**モデルスタッキング**（model stacking）の例となっています。

例7-3はk-meansによる特徴量生成（k-means featurizer）のシンプルな実装です。`fit`関数で学習データに対してクラスタリングを実行し、`transform`関数で新しいデータ点をクラスタIDに変換します。

例7-3 k-meansによる特徴量生成

```
>>> import numpy as np
>>> from sklearn.cluster import KMeans
>>> from sklearn.preprocessing import OneHotEncoder

>>> class KMeansFeaturizer:
...     """
...     数値データをk-meansのクラスタID（のOne-Hotエンコーディング）に変換する
...
...     この変換器は入力データに対してk-meansを実行し、各データ点を最も近い
```

```
...         クラスタのIDに変換する。ターゲット変数yが存在する場合、クラス分類の境界を
...         より重視したクラスタリングの結果を得るために、ターゲット変数をスケーリングして
...         入力データに含めてk-meansに渡す
...         """
...
...     def __init__(self, k=100, target_scale=5.0, random_state=None):
...         self.k = k
...         self.target_scale = target_scale
...         self.random_state = random_state
...         self.cluster_encoder = OneHotEncoder().fit(np.array(range(k)).reshape(-1,1))
...
...     def fit(self, X, y=None):
...         """
...         入力データに対しk-meansを実行し各クラスタの中心を見つける
...         """
...         if y is None:
...             # ターゲット変数がない場合、通常のk-meansを実行する
...             km_model = KMeans(n_clusters=self.k,
...                               n_init=20,
...                               random_state=self.random_state)
...             km_model.fit(X)
...
...             self.km_model_ = km_model
...             self.cluster_centers_ = km_model.cluster_centers_
...             return self
...
...         # ターゲット変数がある場合、スケーリングして入力データに含める
...         data_with_target = np.hstack((X, y[:,np.newaxis]*self.target_scale))
...
...         # ターゲットを組み入れたデータで事前学習するためのk-meansモデルを構築する
...         km_model_pretrain = KMeans(n_clusters=self.k,
...                                    n_init=20,
...                                    random_state=self.random_state)
...         km_model_pretrain.fit(data_with_target)
...
...         # ターゲット変数の情報を除いて元の空間におけるクラスタを得るために
...         # k-meansを再度実行する。事前学習で見つけたクラスタの中心を
...         # 使って初期化し、クラスタの割り当てと中心の再計算を1回だけ行う
...         km_model = KMeans(n_clusters=self.k,
...                           init=km_model_pretrain.cluster_centers_[:,:2],
...                           n_init=1,
...                           max_iter=1)
...         km_model.fit(X)
...
...         self.km_model = km_model
...         self.cluster_centers_ = km_model.cluster_centers_
...         return self
...
...     def transform(self, X, y=None):
...         """
...         入力データ点に最も近いクラスタのID (のOne-Hotエンコーディング) を返す
...         """
...         clusters = self.km_model.predict(X)
```

```
...         return self.cluster_encoder.transform(clusters.reshape(-1,1))
...
...     def fit_transform(self, X, y=None):
...         self.fit(X, y)
...         return self.transform(X, y)
```

ターゲット変数の情報を使った場合と使っていない場合の違いを示すために、例7-4ではscikit-learnのmake_moons関数（http://scikit-learn.org/stable/modules/generated/sklearn.datasets.make_moons.html）を使ってデータを生成し、そのデータに対してk-meansを実行し、クラスタの境界からボロノイ図を描きました。

例7-4　ターゲット変数の有無によるk-meansの結果の違い
```
>>> from scipy.spatial import Voronoi, voronoi_plot_2d
>>> from sklearn.datasets import make_moons
>>> import matplotlib.pyplot as plt

>>> training_data, training_labels = make_moons(n_samples=2000, noise=0.2)
>>> kmf_hint = KMeansFeaturizer(k=100, target_scale=10).fit(training_data,
...                                                         training_labels)
>>> kmf_no_hint = KMeansFeaturizer(k=100, target_scale=0).fit(training_data,
...                                                           training_labels)

>>> def kmeans_voronoi_plot(X, y, cluster_centers, ax):
...     """
...     k-meansのクラスタの境界からボロノイ図を描き、データに重ね合わせる
...     """
...     ax.scatter(X[:, 0], X[:, 1], c=y, cmap='Set1', alpha=0.2)
...     vor = Voronoi(cluster_centers)
...     voronoi_plot_2d(vor, ax=ax, show_vertices=False, alpha=0.5)

>>> fig = plt.figure()
>>> ax = plt.subplot(211, aspect='equal')
>>> kmeans_voronoi_plot(training_data, training_labels, kmf_hint.cluster_centers_, ax)
>>> ax.set_title('K-Means with Target Hint')

>>> ax2 = plt.subplot(212, aspect='equal')
>>> kmeans_voronoi_plot(training_data, training_labels, kmf_no_hint.cluster_centers_, ax2)
>>> ax2.set_title('K-Means without Target Hint')
```

図7-6が結果の比較になります。2つの三日月型のデータがクラスのラベルにしたがって色分けされています[†5]。上図はターゲット変数の情報を使って学習した場合で、下図はターゲット変数の情報を使わないで学習した場合です。上図では下図と比べて、クラスタの境界とクラスの境界がそろっているのがわかります。

[†5] 訳注：モノクロ印刷の図の場合には、わかりにくいのですが、上側の三日月と下側の三日月でクラスがほぼ分かれています。

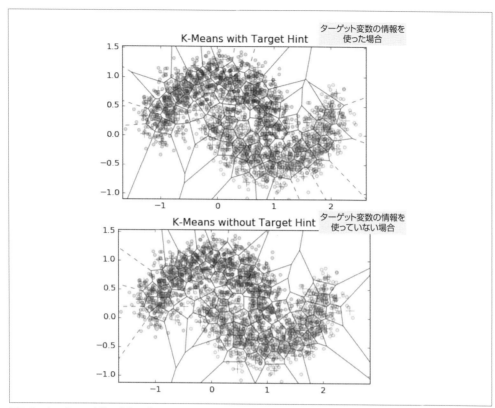

図7-6 ターゲット変数の情報を使った場合（上図）とターゲット変数の情報を使っていない場合（下図）

　k-meansで生成した特徴量が、クラス分類にどれほど効果的か試してみましょう。例7-5では、k-meansで生成したクラスタIDの情報（以降ではクラスタ特徴量とも呼びます）を入力特徴量に追加してロジスティック回帰を適用しています。また他の分類器として、動径基底関数カーネルを使ったサポートベクターマシン（RBF SVM）、k近傍法（kNN）、ランダムフォレスト（RF）、勾配ブースティング木（GBT）を使用し、結果を比較しています。RFとGBTは高性能で人気のある非線形分類器です。RBF SVMはユークリッド空間において妥当な非線形分類器です。kNNは入力データ点のクラスを、そのデータ点から最も近いk個の学習データのクラス情報から多数決で決めます。

　分類器に入力するデータは各データ点の2次元座標です。ロジスティック回帰（Logistic Regression, LR）の場合には、それに加えてk-meansで生成したクラスタ特徴量も入力します（図7-7における「LR with k-means」です。以降ではk-means + LRとも呼びます）。ベースラインとして、2次元座標だけを使ったロジスティック回帰も試します（同じ図の「LR」です）。

例7-5 k-meansで生成したクラスタ特徴量を用いたクラス分類

```
>>> from sklearn.linear_model import LogisticRegression
>>> from sklearn.svm import SVC
>>> from sklearn.neighbors import KNeighborsClassifier
>>> from sklearn.ensemble import RandomForestClassifier, GradientBoostingClassifier
>>> import sklearn
>>> import scipy

>>> seed = 1

### 学習データと同じ分布からテストデータを生成する
>>> test_data, test_labels = make_moons(n_samples=2000, noise=0.3)

### クラスタID（クラスタ特徴量）を得るために先ほどのk-meansの結果を使う
>>> training_cluster_features = kmf_hint.transform(training_data)
>>> test_cluster_features = kmf_hint.transform(test_data)

### クラスタ特徴量を入力特徴量に追加する
>>> training_with_cluster = scipy.sparse.hstack((training_data,
...                                              training_cluster_features))
>>> test_with_cluster = scipy.sparse.hstack((test_data, test_cluster_features))

### クラス分類を実行する
>>> lr_cluster = LogisticRegression(solver='liblinear', random_state=seed)\
...                 .fit(training_with_cluster, training_labels)
>>> classifier_names = ['LR',
...                     'kNN',
...                     'RBF SVM',
...                     'Random Forest',
...                     'Boosted Trees']
>>> classifiers = [LogisticRegression(solver='liblinear', random_state=seed),
...                KNeighborsClassifier(5),
...                SVC(gamma=2, C=1),
...                RandomForestClassifier(max_depth=5, n_estimators=10, max_features=1),
...                GradientBoostingClassifier(n_estimators=10, learning_rate=1.0,
...                                           max_depth=5)]
>>> for model in classifiers:
...     model.fit(training_data, training_labels)

### クラス分類の性能をROC曲線を使って評価するためのヘルパ関数
>>> def test_roc(model, data, labels):
...     if hasattr(model, 'decision_function'):
...         predictions = model.decision_function(data)
...     else:
...         predictions = model.predict_proba(data)[:,1]
...     fpr, tpr, _ = sklearn.metrics.roc_curve(labels, predictions)
...     return fpr, tpr

### 結果をプロット
>>> import matplotlib.pyplot as plt
>>> plt.figure()
>>> fpr_cluster, tpr_cluster = test_roc(lr_cluster, test_with_cluster, test_labels)
>>> plt.plot(fpr_cluster, tpr_cluster, 'r-', label='LR with k-means')
```

7.3 k-meansによるクラス分類用の特徴量生成

```
>>> for i, model in enumerate(classifiers):
...     fpr, tpr = test_roc(model, test_data, test_labels)
...     plt.plot(fpr, tpr, label=classifier_names[i])

>>> plt.plot([0, 1], [0, 1], 'k--')
>>> plt.legend()
```

テストデータを用いた各分類器のROC（Receiver Operating Characteristic）曲線は図7-7になります。ROC曲線は、クラス分類の境界線を変えた場合の、真陽性率と偽陽性率のトレードオフ関係を表しています（詳しくは［Zheng, 2015］参照）。良い分類器では、横軸の偽陽性率が0から増えると、縦軸の真陽性率がすぐに高くなるので、ROC曲線が左上の角に近づいて鋭く曲がります。

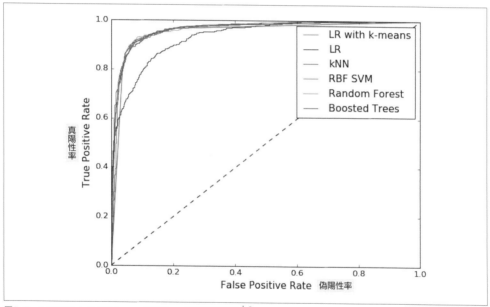

図7-7　k-means＋ロジスティック回帰 vs 非線形分類器[†6]

図7-7からは、クラスタ特徴量ありのロジスティック回帰は、なしのロジスティック回帰と比べて性能が非常に良いとわかります。そして、クラスタ特徴量ありのロジスティック回帰（線形分類器）が、非線形分類器と同程度の性能を発揮しています。一点だけ補足しておくと、この簡単な例ではどのモデルでもハイパーパラメータのチューニングをしませんでした。きちんとチューニングすれば性能が良くなるかもしれません。しかし、少なくともこの結果はk-means＋ロジスティッ

[†6] 訳注：モノクロ印刷の図の場合にはわかりにくいのですが、ROC曲線の中にある、目に見えて性能が良くない1本の曲線がLR（クラスタ特徴量を使わないロジスティック回帰）です。その他の分類器のROC曲線はほぼ重なっています。

ク回帰が非線形分類器と肩を並べる可能性を示しています。線形分類器は非線形分類器よりもずっと高速に学習できるので、この結果は嬉しいです。高速に学習できれば、限られた時間の中でさまざまな特徴量を使ってより多くのモデルを試せるので、最終的にずっと良いモデルに到達できる可能性があるからです。

7.3.1 密なクラスタ特徴量

クラスタIDやそれをOne-Hotエンコーディングした疎なクラスタ特徴量の代わりに、密なクラスタ特徴量を使ってデータ点を表現する方法もあります。密なクラスタ特徴量は、そのデータ点から各クラスタの中心までの距離の逆数を並べたk次元ベクトルです。このベクトルは、所属しているか否かの二値のクラスタへの割り当てよりも多くの情報を持っていますが、疎ではありません。そこにはトレードオフの関係があります。クラスタIDを使った特徴量は疎であるため非常に軽量ですが、複雑な形のデータを表現するのに大きなkが必要となるかもしれません。一方、距離の逆数を使った特徴量は密であるため、モデリングの段階で計算が重くなるかもしれませんが、小さなkで事足りるかもしれません。

疎と密の折衷案として、k個のクラスタのうち、最も近いp個のクラスタのみ距離の逆数を保持するという方法があります。しかし今度はpがチューニングすべきハイパーパラメータになってしまいます。特徴量エンジニアリングがどうしてこんなに大変かわかりますか？　いつでもうまくいく万能の方法は存在しないからです。

7.4　メリット／デメリット／注意事項

k-meansを使ってデータの空間情報を特徴量に変換するのは、**モデルスタッキング**（model stacking）の例です。モデルスタッキングでは、あるモデルの出力が別のモデルの入力となります。他のスタッキングの例としては、決定木タイプのモデル（ランダムフォレストや勾配ブースティング木）の出力を線形分類器の入力として使用する例があります。線形分類器の構築と運用は簡単ですが、簡単な表現にしか対応できません。一方、非線形分類器の構築と運用は大変ですが、複雑な表現に対応することができます。スタッキングは線形分類器と非線形分類器の利点をうまく享受することができます。非線形分類器は学習と結果の保存が大変なので、スタッキングの人気が最近急上昇しています。スタッキングのコンセプトは、非線形性を特徴量の中に押しこんで、最終段階ではシンプルな（たいてい線形）モデルを使うことです。特徴量を生成する部分はオンラインデータが必要なくオフラインで学習できるので、計算コストや使用メモリが大きいけれども有用な特徴量を生成できるような複雑なモデルを採用できます。そして最終段階がシンプルなモデルだと、オンラインデータの分布の変化に素早く対応できます。そのため、ターゲティング広告のような分布の変化が早い現象に対してよく使用されます。

モデルスタッキングのコンセプト
良い非線形特徴量を生成するために洗練された（計算コストが高い）モデルを使い、最終段階においてシンプルで速いモデルに入力します。この方法は、精度と速度の間で絶妙なバランスをとっています。

非線形分類器を使う場合と比べて、k-means + ロジスティック回帰（LR）は学習が速くて結果の保存が楽です。**表7-1**は使用頻度の高い機械学習モデルの複雑さを、「計算量」と「結果を保存するために使用する容量」の観点から一覧にしたものです。nはデータ点の数を、dは元の特徴量の数を表します。

表7-1 機械学習モデルの複雑さ

モデル	計算量	容量
k-meansの学習	$O(nkd)$ [†7]	$O(kd)$
k-meansの予測	$O(kd)$	$O(kd)$
クラスタ特徴量を使ったLRの学習	$O(n(d+k))$	$O(d+k)$
クラスタ特徴量を使ったLRの予測	$O(d+k)$	$O(d+k)$
RBF SVMの学習	$O(n^2 d)$	$O(n^2)$
RBF SVMの予測	$O(sd)$	$O(sd)$
GBTの学習	$O(nd2^m t)$	$O(nd + 2^m t)$
GBTの予測	$O(2^m t)$	$O(2^m t)$
kNNの学習	$O(1)$	$O(nd)$
kNNの予測	$O(nd + k \log n)$	$O(nd)$

k-meansの場合、学習の計算量は$O(nkd)$です。なぜなら、計算の各イテレーションにおいて、n個のデータ点とk個のクラスタの中心のすべての組み合わせについてd次元空間の距離を計算するからです。ここでは楽観的に、イテレーションの数はnの関数ではないと仮定していますが、その仮定が常に成り立つとは限りません。予測の計算量は、新しいデータ点とk個のクラスタの中心との距離を計算するので$O(kd)$になります。保存のための容量はk個のクラスタの中心の座標を保存するため$O(kd)$になります。

ロジスティック回帰の学習と予測の計算量は、データ点の数および特徴量の数のどちらについても線形です。RBF SVMの学習は、入力データのすべての組み合わせに対するカーネル行列を計算するので処理が重いです。RBF SVMの予測は、サポートベクタの数sおよび特徴量の次元dについて線形となるので、学習よりは処理が軽いです。GBTの学習と予測は、データ点の数とモデルのサイズ（t本の木、それぞれの木に対し最大2^m枚の葉があります。ここでmは木の最大の深さです）について線形です。単純なkNNの実装では、学習のための計算量は全く必要ありません。なぜなら学習データそのものがモデルだからです。コストは予測にかかります。学習データの各

[†7] ストリーミングk-meansは$O(nd(\log k + \log\log n))$で計算できるので、大きな$k$に対しては$O(nkd)$よりずっと速いです。

データ点と新しいデータ点との距離を算出し、最も近いk個のデータ点を得るために部分的にソートする必要があるからです。

全体的に見ると、k-means＋ロジスティック回帰は学習と予測の両方において、学習データの大きさ$O(nd)$とモデルの大きさ$O(kd)$について線形な唯一の手法になっています。その複雑さはGBTと最も似ています。GBTはデータ点の数、特徴量の次元、モデルの大きさ（$O(2^m t)$）について線形です。k-means＋ロジスティック回帰とGBTのどちらの方が結果の容量が小さくなるかは、データの空間的な特性に依存します。

データリークの可能性

データリークに関する注意（「5.2.2.2 データリークへの対策」参照）を覚えている人は、k-meansで特徴量を生成するときにターゲット変数を入力に含めるとデータリークが起きるのではと質問するかもしれません。答えは「はい」です。しかし、ビンカウンティングの場合ほど深刻ではありません。確かにクラスタの学習とクラス分類の学習で同じデータセットを使うと、ターゲット変数の情報が入力変数へリークしてしまいます。結果として、学習データの分類性能の評価は高くなりすぎます。しかし、交差検証を組み合わせてスタッキングを用いれば大丈夫です。また、クラスタリングによる次元圧縮はリークしている情報を薄く弱めてしまうので、リークはビンカウンティングの場合ほど深刻にはなりません（「5.2.2 ビンカウンティング」参照）。さらにリークに配慮するには、ビンカウンティングの場合と同じように、クラスタを求めるためのデータセットを別に用意すると良いでしょう。

特徴量が有界の実数値を持ち、データ点が複数のかたまりから成る分布を持つ場合には、k-meansによる特徴量生成は有用です。かたまりはどんな形でも大丈夫です。クラスタの個数を増やすだけでそのかたまりを近似できるからです。典型的なクラスタリングの問題設定とは異なり、クラスタの個数の「正解」を発見することにこだわりはありません。ただ、データ点を覆う必要があるだけです。

k-meansを適用できないのは、ユークリッド距離が意味をなさない特徴空間の場合です。すなわち、奇妙な分布を持つ数値変数やカテゴリ変数の場合です。特徴量のセットの中にこのような変数を含んでいる場合、対処法はいくつかあります。

1. 有界の実数値のみにk-meansを適用します。
2. 独自のメトリックを定義してk-medoidsを使います（k-medoidsはk-meansと似た手法ですが任意のメトリックを使えます）。
3. カテゴリ変数を集計値に変換し（「5.2.2 ビンカウンティング」参照）、それらに対しk-meansを使って特徴量を生成します。

カテゴリ変数と時系列を扱うテクニックと組み合わせれば、k-meansによる特徴量生成は、マーケティングや売上の分析で見られる多様なデータに適用できます。結果のクラスタはユーザーのセ

グメントと考えることができ、次のモデリングの段階で非常に有用な特徴量となります。

7.5 まとめ

この章では、教師ありの k-means とシンプルな線形分類器を組み合わせるという、一風変わったアプローチを使ってモデルスタッキングのコンセプトを示しました。k-means は通常、特徴空間でデータ点が密集しているクラスタを見つけるための教師なしモデリングとして使われます。しかしこの章では、オプションでクラスのラベルも入力として k-means に与えました。そうすることで、k-means がクラスの境界に合ったクラスタを見つけやすくなりました。

次の章で扱うディープラーニングは、ニューラルネットワークの層を積み上げることによって、モデルスタッキングを全く新しいレベルに持っていきます。最近の ImageNet 大規模画像認識チャレンジ "ImageNet Large Scale Visual Recognition Challenge（ILSVRC）"の勝者は、13層のニューラルネットワークと22層のニューラルネットワークでした。ディープラーニングは、非常に多くのラベル付けされていない画像データを学習するのに力を発揮し、良い画像特徴量となるピクセルの組み合わせを探します。この章のテクニックでは、k-means による特徴量生成と線形分類器は別に学習しましたが、特徴量生成と分類器は同時に最適化できます。次の章で見るように、ディープラーニングはまさにそれを行います。

7.6 参考文献

- Dunning, Ted. 彼はデータサイエンスの歩く百科事典です。そして業界イベントで頻繁に講演をしていて、ビールや素敵な人が好きです。 彼にビールを買って話しかけてみて下さい。後悔しないと思います[†8]。
- Zheng, Alice. "Evaluating Machine Learning Models." Sebastopol, CA: O'Reilly Media, 2015. https://www.oreilly.com/data/free/evaluating-machine-learning-models.csp.

[†8] 訳注: 日本にも Ted のような人がいます。タカヤナギ＝サンです。彼はデータサイエンスの走る百科事典です。そして業界イベントで頻繁に講演をしていて、日本酒や素敵な人が好きです。 彼に日本酒を買って話しかけてみて下さい。後悔しないと思いますが、彼が泥酔している時には後悔するかもしれません。

8章
特徴量作成の自動化：
画像特徴量の抽出と深層学習

　視覚と聴覚は人間が生まれながらにして持つ感覚です。私たちの脳は視覚／聴覚信号を処理できるように進化しており、脳の一部は誕生前でさえ外部刺激に反応できるように発達しています [Eliot, 2000]。一方で言語能力については学習を通じて獲得されていくものであり、その学習には年月を必要とします。つまり、多くの人々にとって視覚や聴覚は当たり前のように発達していくものですが、言語を理解し利用できるようになるには私たちの脳を意図的に訓練させなければなりません。

　面白いことにこれは機械学習とは全くの逆の状況といえます。言語情報を用いたテキスト分析に対する機械学習の方が、画像や音声に対する機械学習より遥かに取り組みやすいでしょう。例えば情報検索の分野においては言語情報を用いた検索が主流であり、画像や音声の検索はまだ完璧なものとはいえません（とはいえ、ここ5年間における深層学習の発展は画像や音声の検索においてブレイクスルーをもたらしました）。

　情報検索におけるこの違いは有効な特徴量を抽出することの難しさに関連しています。機械学習を用いたモデルは予測を行う上で意味のある特徴量を必要とします。言語情報（例えば英語）を入力として扱う場合、意味のある特徴量の基本単位は単語という形で容易に得られます。それゆえに言語情報を扱う機械学習モデルは飛躍的に発展してきました。一方、画像や音声はピクセルや波形という形で記録されています。画像を構成する最小の要素はピクセルであり、音声の場合それは波形の強度です。これらは言語情報の構成要素である単語に比べるとほとんどセマンティックな情報を持っていません。したがって、画像や音声における特徴量の抽出および加工は言語情報に比べると難しいのです。

　過去20年間におけるコンピュータビジョンの研究では、問題に合わせたパイプラインを手動で定義することで、良い画像特徴量を抽出することに注力してきました。その代表的なものが、このあとのセクションで説明するSIFTやHOGです。最近は深層学習を用いた自動的な特徴量抽出が可能になり、これと組み合わせることで、従来の機械学習モデルも発展を遂げています。従来は目的に合わせて手動で定義した特徴量抽出を用いてモデルを作っていたものの、今は自動的に抽出した特徴量を用いて手動でモデル構築を行っています。つまり人手を介した業務はまだ残ってはいるものの、その範囲はもはやモデリングのみとなっているのです。

本章ではよく知られた画像特徴抽出の手法から始めて後半は深層学習を用いた特徴抽出について解説します。

8.1　最も単純な画像特徴量 ——そしてこの特徴量が機能しない理由

画像から抽出できる**適切な**特徴量とは何でしょう。この答えはその特徴量を用いて何をしようとしているかによります。ここでは仮に画像検索、つまり画像データベースに対して画像をクエリとして用いて同様の画像を得ることを目的とします。この場合、各画像をどのように表現するか、そして画像間の類似度の指標が必要になります。試しに、画像に使用されている色の割合を用いて画像を表現してみましょう。図8-1には、使われている色の割合は同じだが全く異なるものを表している2つの図を示しました。1つは青空に浮かぶ白い雲の図であり、もう片方はギリシャの国旗です。この例からは色情報だけでは画像の特徴はうまく表現できないことがわかります。

図8-1　同様の色情報を持ちながら全く異なるものを示した2つの図（青色。モノクロ印刷ではグレースケール）

別のシンプルなアイデアとしてピクセル値の差を画像間の類似度の指標として用いる場合を考えてみましょう。まず画像を同じ高さと幅になるようリサイズすれば、画像をピクセル値の行列として表現できます。ピクセル値は色情報（例えばRGB値）を用いることとしましょう。この行列を行方向または列方向に繋げることで1つの長いベクトルに変換できます。こうして得られた各画像のベクトル間においてユークリッド距離を求めましょう。こうすることで、単純な色の割合では区別がつかなかった図8-1の例においても区別がつけられます。しかしこれは画像間の類似度の指標としてはあまりに厳格すぎるものと言えます。雲の形は千差万別ですが、それらは全て雲を表しています。例えば画像の左右を反転させたり、半分が影になっていてもそれは全て雲です。これらの変換を加えた画像はいずれも雲を指しているという事実は変わらないにもかかわらず、ユークリッド距離を増加させることになってしまいます。

問題は各ピクセルが画像についての十分な意味情報を持たないことにあります。つまりピクセル

は分析の上で適切な情報の単位となっていないのです。

8.2 手動の特徴抽出法：SIFTおよびHOG

1999年に発表された"Scale Invariant Feature Transform (SIFT)"［Lowe, 1999］により、画像を小部分に分割し、その統計量を用いることで、画像をよりうまく表現できることがわかりました。

SIFTは物体認識タスクを目的として開発されました。SIFTを用いることで、画像に含まれる物体から画像にタグをつけ、さらにその物体がその画像のどこに位置するかを示せます。SIFTにおいて物体の位置を検出する際は、画像内のスケールの階層の把握、物体を示す特徴点の検出、その特徴点によって表される特徴量（コンピュータビジョンにおいては**画像記述子**（image descriptor）と呼ばれている）の抽出、そして物体のオリエンテーションの決定を行っています。

SIFTはその発表以後、特徴点のみならず画像全体における特徴量の抽出法として使われるようになりました。SIFTによる特徴量の抽出は、"Histogram of Oriented Gradients (HOG)"［Dalal and Triggs, 2005］と非常に似ています。いずれの手法も本質的には勾配方向のヒストグラムの計算といえます。このプロセスについてより詳しくみてみましょう。

8.2.1 画像勾配

先の節でみたように画像処理においてはピクセル値をそのまま使うのではなく、ピクセルをなんらかの形で「組織化」する必要があります。ここでは隣接するピクセル間の差を利用してみましょう。ピクセル値は、物体の境界や影があるところ、模様内、そして強く質感の出る場所において、変化します。このピクセル値間の差を**画像勾配**（image gradient）と呼びます。

画像勾配を計算する最も単純な方法は、隣接するピクセル間で水平方向（x）、垂直方向（y）の差をそれぞれ計算することです。この計算結果は2次元のベクトルとして表現できます。x方向およびy方向の2つの方向における1次元ベクトルの差の計算は、ベクトルのマスクもしくはフィルタとして表現できます。例えば[1 0 -1]というフィルタは、水平方向もしくは垂直方向の隣接するピクセル値の差（どちらの方向かはフィルタを適用した方向による）を計算します。同様に2次元の勾配フィルタもありますが、ここでは1次元の勾配フィルタのみを扱います。

画像にフィルタをかけることを畳み込み（convolution）といいます。畳み込みではパッチ（画像の一部分）にフィルタをかけその内積をとり、また別のパッチに移動して同じ作業を繰り返していきます。畳み込みは信号処理では一般的な手法です。以下では畳み込みを*を用いて表現しています。

$$[a\ b\ c] * [1\ 2\ 3] = c^{\star}1 + b^{\star}2 + a^{\star}3$$

ピクセル(i, j)におけるx方向とy方向の勾配は以下の通りです。

$$g_x(i,j) = [1\ 0\ -1] * [I(i-1,j)\ I(i,j)\ I(i+1,j)] = -1 * I(i-1,j) + 1 * I(i+1,j)$$
$$g_y(i,j) = [1\ 0\ -1] * [I(i,j-1)\ I(i,j)\ I(i,j+1)] = -1 * I(i,j-1) + 1 * I(i,j+1)$$

まとめると勾配は以下の通りになります。

$$\nabla I(i,j) = \begin{bmatrix} g_x(i,j) \\ g_y(i,j) \end{bmatrix}$$

ベクトルは方向と大きさによって表されます。勾配の大きさはユークリッドノルム（$\sqrt{g_x^2 + g_y^2}$）と等価であり、これはあるピクセルの近傍におけるピクセル値の変化を示しています。勾配の方向（θ）は水平方向および垂直方向の変化の比に依存し、$\theta = \arctan\left(\frac{g_y}{g_x}\right)$ として計算できます。図8-2には数学的な説明を図示しました。

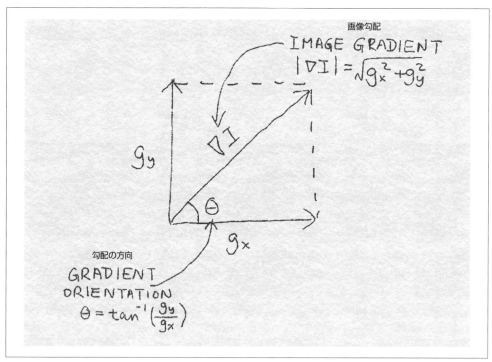

図8-2 画像勾配の定義

図8-3には垂直方向および水平方向の勾配から構成される3つの画像勾配を例示しました。それぞれの例は9つのピクセルで構成されており、各ピクセルはグレースケールの値を持っています（値が小さいほど黒に近づきます）。9つのピクセルの中心に位置するピクセルの勾配を各図の下に

示しました。左の図は水平方向の縞模様を表しており、垂直方向にのみ色の変化があります。したがって、水平方向の勾配は0である一方、垂直方向の勾配は非0となります。真ん中の図は垂直方向の縞模様を示しており、水平方向の勾配は非0となります。右の図は対角方向の縞模様を示しており、勾配もまたそれに対応した結果となります。

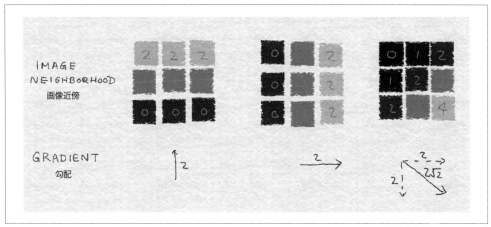

図8-3　画像勾配の例

　先の画像勾配の定義は人工データでは機能しましたが、実際の画像ではどうでしょうか。**例8-1**にはscikit-image（http://scikit-image.org/）から取得した猫の画像に適用する場合のコードを示しました。**図8-4**にはここで得られた水平方向および垂直方向の勾配を示しました。勾配は元の画像の全てのピクセルにおいて算出されているため、結果として水平／垂直方向の勾配に対応した2つの行列が得られ、これを画像のように可視化できます。

例8-1　画像勾配を算出するPythonコードの例

```
>>> import matplotlib.pyplot as plt
>>> import numpy as np
>>> from skimage import data, color

# 画像をロードしてグレースケールに変換する

>>> image = color.rgb2gray(data.chelsea())

# 水平方向の勾配を中心化した1次元フィルタ（centered 1D filter）を用いて算出する
# 具体的には境界に位置しないピクセルをその左右に隣接するピクセル値の差で置き換えている
# 画像両端のピクセルの勾配を0とする

>>> gx = np.empty(image.shape, dtype=np.double)
>>> gx[:, 0] = 0
>>> gx[:, -1] = 0
```

```
>>> gx[:, 1:-1] = image[:, :-2] - image[:, 2:]

# 垂直方向の勾配も同様に算出する

>>> gy = np.empty(image.shape, dtype=np.double)
>>> gy[0, :] = 0
>>> gy[-1, :] = 0
>>> gy[1:-1, :] = image[:-2, :] - image[2:, :]

# Matplotlibのおまじない

>>> fig, (ax1, ax2, ax3) = plt.subplots(3, 1,
...                                     figsize=(5, 9),
...                                     sharex=True,
...                                     sharey=True)

>>> ax1.axis('off')
>>> ax1.imshow(image, cmap=plt.cm.gray)
>>> ax1.set_title('Original image')
>>> ax1.set_adjustable('box-forced')

>>> ax2.axis('off')
>>> ax2.imshow(gx, cmap=plt.cm.gray)
>>> ax2.set_title('Horizontal gradients')
>>> ax2.set_adjustable('box-forced')

>>> ax3.axis('off')
>>> ax3.imshow(gy, cmap=plt.cm.gray)
>>> ax3.set_title('Vertical gradients')
>>> ax3.set_adjustable('box-forced')
```

図8-4 猫の画像における勾配

水平方向の勾配では猫の目の中にみられるような垂直方向のパターンが強調される一方、垂直方向の勾配では髭や上下の瞼のような水平方向のパターンが強調されています。これは垂直／水平方向が対応していないので一見矛盾しているように思えますが、少し考えるとその理由がわかります。水平方向の勾配は水平方向の変化を捉えます。垂直方向のパターンは水平位置がほぼ同一の複数のピクセルにまたがって垂直方向に分布します。結果として垂直方向のパターンは水平方向のピクセル値の変化に反映されます。これは私たちの目がパターンを捉える仕組みと同じものです。

8.2.2　勾配方向ヒストグラム

画像勾配は画像内の各ピクセル近傍における変化を捉えますが、私たちの目はそれよりも大きなパターンを捉えています。例えば、私たちが猫の髭を見る時、その全体を目に捉えており、部分に分割して捉えてはいません。人間の視覚システムはある領域における連続したパターンを捉えることができます。したがって、私たちも近傍に存在する画像勾配をまとめあげ全体的なパターンとして認識するために、また一手間掛ける必要があります。

それでは、どのようにして勾配情報をまとめてあげるとよいのでしょうか。この疑問に統計家なら「分布を見るとよい」と答えるでしょう。SIFTおよびHOGはいずれもこの方法をとっています。具体的には（正規化した形で）勾配ベクトルのヒストグラムを算出し、画像特徴量として用いています。ヒストグラムとはデータを区間（ビン）に分割し、各ビン内に含まれるデータ点の数をカウントしたものです。これは（正規化されていない）経験分布（empirical distribution）と呼ばれます。ここでいう正規化とはカウントの総数が1になるようにしたものです。数学的にはℓ^1ノルムによる正規化と呼びます。

画像勾配はベクトルであり、ベクトルは方向と大きさという2つの要素で構成されています。したがって、ヒストグラムを算出する際もこの2つの要素を考慮に入れる必要があります。SIFTとHOGは画像勾配を方向角θでビン化しており、大きさで重み付けしています。その手順は以下の通りです。

1. $0°$から$360°$までを均等な幅のビンに分割します。
2. 各ピクセルにおいて、方向角θに応じて、重みwを加えます。ここでwは、勾配の大きさおよびその他の関連情報を入力にとって出力を返す関数です。ここでいう関連情報とは例えば画像パッチの中心からの距離の逆数であり、勾配が大きければ重みも大きくなり、画像パッチの中心に近いピクセルは遠いピクセルよりも重みが大きくなるべきという考えを反映させています。
3. ヒストグラムを正規化します。

図8-5には4行4列のピクセルから算出した勾配から求めた8ビンの勾配方向ヒストグラムを示しました。

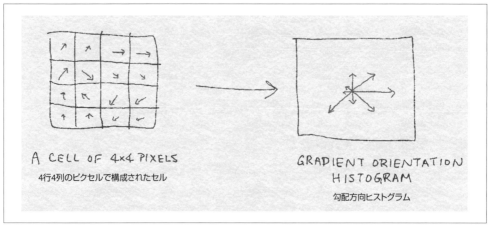

図8-5 4×4のピクセルから算出した勾配から求めた8ビンの勾配方向ヒストグラム

なお、勾配方向ヒストグラムのアルゴリズムには多くの調整すべき設定があり、適切な設定は扱う画像の性質に応じて変わります。

以降では、具体的にアルゴリズムの各設定がどのような影響を与えるか検討します。

8.2.2.1 適正なビンの数および範囲はどのように決めるべきか

ビンの数を増やせば勾配方向についてより精緻な量子化が可能になり、元の勾配についてより多くの情報を保持できます。しかしあまりに多くのビンは不必要であり、また学習データに対してオーバーフィッティングしてしまいます。例えば、画像内で猫を認識する際に3°のビンに分布する猫の髭についての情報はまず不要でしょう。

もう1つの疑問として、ビンの範囲があります。ビンの範囲を垂直方向の勾配の符号を保持して0°から360°の範囲で設定するのと、垂直方向の勾配の符号を保持せずに0°から180°で設定するのとではどちらが適切でしょうか。HOGを提案した論文［Dalal and Triggs, 2005］では、実験の結果、0°から180°で9つのビンに分割するのがもっとも良いと報告していました。一方、SIFTを提案した論文［Lowe, 2004］では0°から360°の範囲で8つのビンに分割するのが良いと報告されています。

8.2.2.2 どのような重み付け関数を用いるべきか？

HOGの提案論文では勾配の大きさの重み付け関数を決定する際に、複数の重み付け関数（大きさをそのまま利用、大きさの2乗を利用、大きさの平方根を利用、大きさを二値化したものを利用、上限と下限を設定しそこから外れたものをクリッピングしたものを利用）を比較していました。この論文の中では、大きさをそのまま利用した場合が最も良い結果を示していました。

SIFTもまた大きさをそのまま利用していました。加えて、画像パッチの位置によって画像記述

子の値が突然変化することを防ぐために、パッチの中心からの距離に応じてその周辺部の勾配の重みを下げるガウシアン距離関数を用いています。具体的には $\frac{1}{2\pi\sigma^2}e^{-\|p-p_0\|^2/2\sigma^2}$ を勾配の大きさに乗じています（ここでpは各勾配に対応したピクセルの位置、p_0は画像パッチの中心位置、σはガウシアンの幅であり、σにパッチの半径の半分の値を設定していました）。

SIFTはまた画像勾配の方向のわずかな変化が勾配方向ヒストグラムに大きな変化を与えないような工夫もしています。それは1つの勾配の重みを隣接する方向ビンに広げるという補間トリックです。具体的な手順としてはまずルートとなるビン（勾配を計算しているビン）に1の重みを与えます。そして隣接するビンには$1-d$（ここでdはルートとなるビンからの差）の重みを与えるというものです。

したがって、SIFTにおいて各勾配に与えられる重みは以下のように表現されます。

$$w_{(\nabla p, b)} = w_b \sigma \|\nabla p\|$$

ここで∇pはビンbにおける各ピクセルの勾配、w_bは補間されたbの重み、σは中心pからのガウシアン距離です。

8.2.2.3 近傍はどのように定義すべきか／画像内でどのように位置させるか？

HOGとSIFTは画像の近傍表現を2つのレベルで定義しています。まず隣接するピクセルをセルにまとめ、さらにそのセルをブロックとしてまとめています。勾配方向ヒストグラムはセル単位で算出し、それをブロック単位で結合して最終的な画像記述子を構成します。

SIFTでは1つのセルを16×16のピクセルで定義し、8つのビンの勾配方向ヒストグラムを算出し、4×4のセルを1つのブロックにまとめ、ブロックあたり$4 \times 4 \times 8 = 128$の特徴量を構成しています。

HOGではセルおよびブロックの形として四角形、円形を検討しています。四角形の場合はR-HOGと呼んでおり、最適なR-HOGは8×8のピクセルから9つのビンの勾配方向ヒストグラムを作成した後、2×2のセルで1つのブロックを構成しています。円形の場合はC-HOGと呼んでおり、その範囲は中心セルからの半径、セルが半径方向に分割できるか、中心セルの外周セルの幅等で定義されます。

近傍の定義にかかわらず、画像全体において特徴ベクトルを構成する際に、各近傍はオーバーラップします。言い換えれば、数個のピクセルで構成されたセルおよびブロックは水平方向、垂直方向にシフトして画像全体をカバーしています。

以上のように近傍表現は複数の階層で構成されており、オーバーラップしたウインドウで画像全体をカバーしています。この階層構造は深層学習のネットワーク構造にも活かされています。

8.2.2.4 どのような正規化を行うべきか？

正規化とは画像記述子を比較できるように大きさを一様にする操作のことであり、4章で述べた

スケーリングと同義です。**4章**ではTF-IDFとして示したテキスト特徴量のスケーリングは分類精度には大きな影響を与えないことを確認しました。画像特徴量の場合は事情が大きく異なり、分類精度は一般的な画像における明度やコントラストの変化にきわめてセンシティブです。例えば、同じりんごを照らした画像において、光源が強いスポットライトの場合と、窓を通した柔らかく拡散した光の場合を考えてみましょう。同じ物体を映したものであるにもかかわらず、画像勾配の大きさは大きく異なります。このような理由で、コンピュータビジョンにおいて画像から特徴量を生成する場合は明度とコントラストの分散の影響を除くために、初めに色調における正規化を行います。SIFTやHOGにおいては画像の正規化が行われている限り、このような前処理は不要とされています。

SIFTは「正規化 – 外れ値の除去 – 再正規化」スキーム（normalize-threshold-normalize）を採用しています。まず、ブロック単位の特徴ベクトルを単位長になるように正規化します（ℓ^2正規化）。そして、カメラによる彩度調整のような極端な照明効果の影響を除くため、各特徴量における最大値を除きます。最後にこの最大値を除いた特徴量を再び単位長になるように正規化します。

HOGの提案論文ではℓ^1/ℓ^2正規化、SIFTにおける「正規化 – 外れ値の除去 – 再正規化」を含む複数の正規化を検討しており、ℓ^1正規化は他の手法に比べるとやや劣るという結果を得ています。

8.2.3 SIFT

SIFTではいくつかのステップを経て、画像特徴量を生成します。HOGはSIFTに比べると若干少ないものの、それでも勾配方向ヒストグラムの生成や正規化といった複数のステップを要します。**図8-6**はSIFTによる画像特徴量の生成ステップを示しました。まず元画像において関心領域（region of interest）を定めた上で、その領域をグリッドに分割します。グリッドに分割されたセルは複数のピクセルを含む形でさらに区切られます（サブグリッド）。

したがって、サブグリッドは複数のピクセルを持ち、その各ピクセルに対して勾配を算出します。この際、サブグリッドの外側の勾配に応じて重み付けをします[†1]。この重み付けされた勾配は、サブグリッド単位で勾配方向ヒストグラムとしてまとめられます。勾配方向ヒストグラムはさらにその上層のグリッド単位で1つの長い勾配方向ヒストグラムにまとめられます（仮に1つのグリッドが2×2のサブグリッドを構成していた場合、4つのサブグリッド単位の勾配方向ヒストグラムが1つのグリッド単位の勾配方向ヒストグラムにまとめられることになります）。以上がグリッド単位の特徴量生成プロセスであり、次に「正規化 – 外れ値の除去 – 再正規化」プロセスに移ります。まず各特徴ベクトルは単位長に正規化され、最大値が除去された後、再度正規化されます。こうして関心領域におけるSIFT特徴量が得られます。

[†1] 訳注：オリジナルの論文（https://www.cs.ubc.ca/~lowe/papers/ijcv04.pdf）ではGaussianが選択されています。

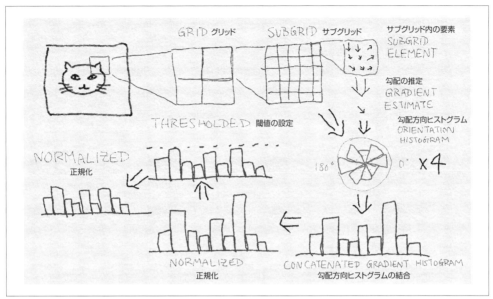

図8-6　画像内の関心領域におけるSIFTを用いた画像特徴量の生成

8.3　深層学習を用いた画像特徴量の学習

　SIFTとHOGは発表後、長期にわたって画像特徴量の生成手段としてよく使われていました。しかし、最近のコンピュータビジョン分野では、深層学習を用いる方向に大きく舵を切りました。最初のブレイクスルーは2012年の"ImageNet Large Scale Visual Recognition Challenge（ILSVRC）"で起こりました。トロント大学の研究者達が前年の優勝結果のエラー率をほぼ半分にする結果を出したのです。彼らはこの手法を**深層学習（deep learning）**と呼び、多くの層を積み重ねた構造であるという点で、従来のニューラルネットワーク構造とは大きく異なることを強調しました。実際、発表論文［Krizhevsky et al., 2012］の筆頭著者にちなんでAlexNetと名付けられた2012年のILSVRC優勝モデルでは、層の数は13層でした。さらに2014年のILSVRCの優勝モデルであるGoogLeNet［Szegedy et al., 2015］ではなんと22層に達していました。

　表面的にはこのニューラルネットワークのメカニズムは、SIFTやHOGにおける画像勾配方向ヒストグラムとは大きく異なるように見えます。しかし、AlexNetの最初のいくつかの層を可視化すると、SIFTやHOGにみられるようなエッジ等の単純なパターンがみられます。続く層ではこの単純なパターンが組み合わさったパターンが認められます。結果として、このニューラルネットワークから得られる画像特徴量は従来のものを遥かに凌駕する性能をみせたのです。

　多くの層を積み重ねたニューラルネットワークは決して新しいものではありません。しかし、このモデルを学習するには大量のデータと計算資源が必要となり、近年になるまでは容易に利用できるものではありませんでした。ImageNetデータセットは1000のクラスに分類される約120万枚

の画像で構成されています。ニューラルネットワークを含む多くの機械学習のモデルでコアとなる行列演算は、GPUを用いることで高速に計算できます。深層学習の成功はこの大量のデータセットとGPUによる計算速度の加速がもたらしたものといえます。

深層学習は複数のタイプの層で構成されます。例えばAlexNetは全結合層、畳み込み層、プーリング層で構成されています。以降は各層について説明します。

8.3.1　全結合層

あらゆるタイプのニューラルネットワークのコアとなっているものは、入力として与えられる線形関数です。4章で扱ったロジスティック回帰もニューラルネットワークの一例になります。全結合されたニューラルネットワークは「入力されるすべての特徴量から成る線形関数の集合」となります。線形関数はその入力となる特徴量と重みベクトルの内積に定数として切片を加えた形で書けます。これは重み行列Wと特徴量との行列積として表現できます。

全結合層の数学的定義は以下の通りです。

$$z = W\mathbf{x} + \mathbf{b}$$

ここで重み行列（W）の各行は重みベクトルであり、入力ベクトル$\mathbf{x}$に対応しており、zを出力しています。$\mathbf{b}$は各ニューロンにおける切片（バイアス）を示しており、定数のベクトルです。

全結合層は各入力が全ての出力に結合していることからそのような名前になっています。数学的にはこれは行列Wの値に制限が無いことを示しています（一方で、次節で解説する畳み込み層は各出力に使われる入力の数は全結合層よりも少なくなっています）。図8-7に示したように、全結合層のみのニューラルネットワークは全ての入力ノードが全ての出力ノードに結合した完全2部グラフとして表現されます。

全結合層は入力数と出力数の積の数だけパラメータを持つため、計算負荷が大きくなります。このような密結合は全ての入力を必要とするような広範囲のパターンを検出するのに向いています。このような理由で、AlexNetの最後の2層は全結合層で構成されています。各入力によって調整された出力はそれぞれ独立です。

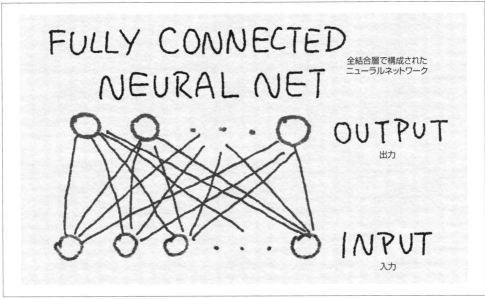

図8-7　全結合層で構成されたニューラルネットワークのグラフ表現

8.3.2　畳み込み層

　全結合層とは対照的に、畳み込み層は各出力において一部の入力のみを利用します。この変換は利用する入力を「ずらす」ことで一度に使用する特徴量を制限し、出力を生成します。単純化するために、各入力集合に対しては新しい重みを学習する代わりに、同じ重みを利用します。

　数学的には畳み込み層の演算子は入力として2つの関数を用いて1つの関数を出力します。具体的には2つの入力関数のうち一方の入力をマイナス1倍することでその進行方向を逆転させたうえで、もう一方の関数と共に τ 軸に沿って動かします。その結果として、各点での2つの関数の積が作る曲線の面積を出力します。

$$(f \star g)(t) = \int_{-\infty}^{\infty} f(\tau)g(t-\tau)d\tau = \int_{-\infty}^{\infty} g(\tau)f(t-\tau)d\tau$$

　曲線下面積を算出する際は積分を用います。この操作は入力に対して対称であり、最初に選ぶ入力関数の順番に依らず出力は同一です。

　実は私たちはここまで「8.2.1 画像勾配」で、単純な畳み込みの例を見てきました。畳み込みの数学的定義はいくらか畳み込みをしているように見えないかもしれません。これは一見おかしなことをしているように見えますが、それなりの理由があります。信号処理の例がわかりやすいのでこちらを用いて、直観的に説明しましょう。

　ここで1つの小さなブラックボックスがあると想像しましょう。このブラックボックスの挙動を確認するために、刺激を与えます。そしてブラックボックスからの出力結果を小さな紙に記録し、

刺激が終了するまでこれを続けます。結果として得られる関数がこのブラックボックスの**応答関数** (response function) です。これを $g(t)$ としましょう。

ここでブラックボックスに与える外部信号として $f(t)$ を考えます。時刻 $t=0$ において $f(0)$ はブラックボックスに作用し、$f(0)$ に $g(0)$ を乗じた結果を出力します。$t=1$ においては $f(1)$ がブラックボックスに作用し、$f(1)$ に $g(0)$ を乗じた結果が得られます。同時にブラックボックスは先の時点の信号 $f(0)$ にも継続して反応しており、これに $g(1)$ を乗じた結果も得られます。したがって、$t=1$ における総出力は $(f(0) \star g(1)) + (f(1) \star g(0))$ となります。$t=2$ においてはさらに複雑になり、$f(2)$ がブラックボックスに入る一方、$f(0)$ と $f(1)$ による反応も生成されます。結果として、$t=2$ における総出力は $(f(0) \star g(2)) + (f(1) \star g(1)) + (f(2) \star g(0))$ となります。このように応答関数の出力は時刻に応じて変化し、$t=0$ となる項はブラックボックスにおける最新の反応を示し、応答関数でそのあとに続く項は以前の信号に対する反応となります。

図8-8には各時刻における出力を図示しました（なお、ここでは簡便のために時刻を離散的に表現しましたが、実際の時刻は連続的なものなので、出力結果の加算は積分として表現されます）。以上のように各時間における畳み込みの結果を算出する際は入力関数と応答関数の重複部分を乗じて加算することになります。

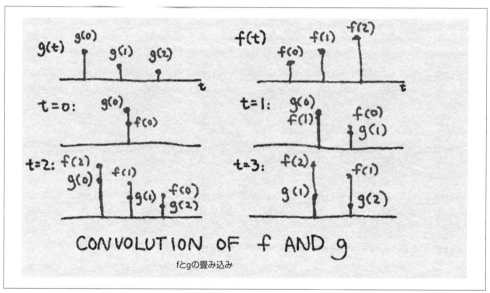

図8-8　2つの離散信号（fとg）の畳み込み

このブラックボックスはスカラの乗算とその結果の加算しか行わないことから線形システム（linear system）と呼ばれています。畳み込みはまさにこの線形システムに該当すると言えます。

畳み込みの直感的理解
畳み込み演算子は線形システムであり、入力信号を応答関数と乗算し、その結果を加算して出力します。

先の例において、$g(t)$ は応答関数を、$f(t)$ は入力関数を示していましたが、畳み込みは対称であるためこの順序に依存しません。結果は単純に両者の組み合わせとして出力されます。$g(t)$ はフィルタとして知られています[†2]。

画像は2次元の信号なので、2次元のフィルタが必要になります。2次元の**畳み込みフィルタ**は2つの変数について積分する形で1次元フィルタを拡張します。

$$(f \star g)[i,j] = \sum_{u=0}^{m} \sum_{v=0}^{n} f[u,v] g[i-u, j-v]$$

デジタル画像におけるピクセル値は離散値なので、畳み込みにおける積分は和の形で表現できます。さらにピクセルの数は有限なので、フィルタ関数は有限個の要素のみを扱えば良いことになります。画像処理においては2次元の畳み込みフィルタは**カーネル**もしくは**マスク**とも呼ばれています。

畳み込みフィルタを画像に適用する際、画像全体を対象とするような大きなフィルタを定義する必要はありません。むしろ数ピクセル四方のみをカバーする小さなフィルタを定義して、その適用範囲を水平方向および垂直方向にずらしながら全体に適用します（**図8-9**参照）。

同一のフィルタを画像全体に適用するため、少数のパラメータを定義するだけで事足ります。なお、このトレードオフとしてフィルタはその適用範囲の情報しか吸い上げられません。言い換えれば、畳み込みニューラルネットワークは全体のパターンではなく部分的なパターンを識別しているといえます。

[†2] 正確には、フィルタという用語は高周波フィルタなどフーリエ変換によって得られるフーリエスペクトルの一部を消してしまう操作を指しますが、近年はより一般的な用語として使われるようになっています。

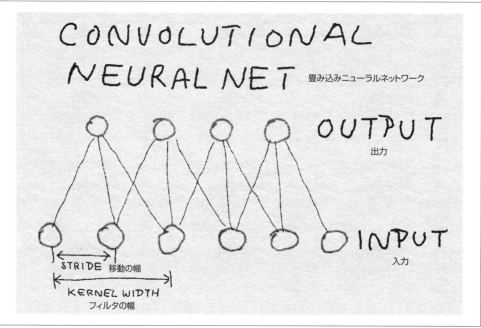

図8-9　1次元の畳み込みニューラルネットワークの構造

畳み込みフィルタのコード例

　本節では、画像に対してガウシアンフィルタを適用しています。ガウス関数は0を中心に滑らかつ対称的に広がるため、ガウシアンフィルタは入力値に対して重みをつけた出力を返します。画像に対して適用した場合は、適用範囲のピクセルをぼかす効果を持ちます。2次元のガウシアンフィルタは以下のように定義されます。

$$G(x, y) = \frac{1}{2\pi\sigma} e^{-\frac{x^2+y^2}{2\sigma^2}}$$

σはガウス関数の標準偏差であり、ガウス関数が形づくる「山」の幅を調節します。例8-2ではまず2次元のガウシアンフィルタを作成し、画像に適用することでぼかした猫の画像を生成しています（図8-10参照）。なお、この例では理解を優先して、簡略化したガウシアンフィルタの計算方法を用いています。より良い実装としては各格子点において単純な点推定ではなく、重み付け平均を用いた方が良いでしょう。

例8-2 画像へのガウシアンフィルタの適用例

```python
>>> import numpy as np

# まずガウシアンフィルタを作成するために 5 x 5 のメッシュグリッドを作成する
>>> ind = [-1., -0.5, 0., 0.5, 1.]
>>> X,Y = np.meshgrid(ind, ind)
>>> X
array([[-1. , -0.5,  0. ,  0.5,  1. ],
       [-1. , -0.5,  0. ,  0.5,  1. ],
       [-1. , -0.5,  0. ,  0.5,  1. ],
       [-1. , -0.5,  0. ,  0.5,  1. ],
       [-1. , -0.5,  0. ,  0.5,  1. ]])

# 以下のGは (0,0) の値が1.0で、正規化されていないガウシアンフィルタである
>>> G = np.exp(-(np.multiply(X,X) + np.multiply(Y,Y))/2)
>>> G
array([[ 0.36787944,  0.53526143,  0.60653066,  0.53526143,  0.36787944],
       [ 0.53526143,  0.77880078,  0.8824969 ,  0.77880078,  0.53526143],
       [ 0.60653066,  0.8824969 ,  1.        ,  0.8824969 ,  0.60653066],
       [ 0.53526143,  0.77880078,  0.8824969 ,  0.77880078,  0.53526143],
       [ 0.36787944,  0.53526143,  0.60653066,  0.53526143,  0.36787944]])

>>> from skimage import data, color
>>> cat = color.rgb2gray(data.chelsea())

>>> from scipy import signal
>>> blurred_cat = signal.convolve2d(cat, G, mode='valid')

>>> import matplotlib.pyplot as plt
>>> fig, (ax1, ax2) = plt.subplots(1, 2, figsize=(10,4),
...                                sharex=True, sharey=True)

>>> ax1.axis('off')
>>> ax1.imshow(cat, cmap=plt.cm.gray)
>>> ax1.set_title('Input image')
>>> ax1.set_adjustable('box-forced')

>>> ax2.axis('off')
>>> ax2.imshow(blurred_cat, cmap=plt.cm.gray)
>>> ax2.set_title('After convolving with a Gaussian filter')
>>> ax2.set_adjustable('box-forced')
```

図8-10　2次元ガウシアンフィルタ適用前後の猫の画像（左：適用前　右：適用後）

　AlexNetの畳み込み層は3次元です。これは畳み込み層の前層のボクセル（画像を3次元表現する場合の要素）として動作しているといえます。AlexNetの最初の層は元画像のRGB値を受け取り、3色の各色チャンネルにおいて部分的なパターンに対応した畳み込みフィルタを学習します。そして、次の層は各フィルタにおけるボクセルを入力として受け取ります。詳細については図8-14をご覧ください。

8.3.3　Rectified Linear Unit（ReLU）変換

　ニューラルネットワークの出力には**活性化関数（activation function）**と呼ばれる非線形変換をよく用います。よく用いられる関数は**tanh関数**（ハイパボリックタンジェント関数：−1から1までの値をとる滑らかな非線形関数）、**シグモイド関数**（「4.2.3 ロジスティック回帰によるクラス分類」で紹介した0から1までの値をとる滑らかな非線形関数）、そして今から説明する**rectified linear unit（ReLU）**です。ReLUは線形関数の一種で負の部分をゼロで置き換えています。言い換えれば、ReLUは負の値を除く一方で、正の値には制限を加えていません。ReLUのとる値は0から∞です。

よく使われる活性化関数

ReLUは負の部分をゼロで置き換えた線形関数です。

$$\mathrm{ReLU}(x) = \max(0, x)$$

tanh関数は−1から1まで滑らかに増加する3次関数です。

$$\tanh(x) = \frac{\sinh(x)}{\cosh(x)} = \frac{e^x - e^{-x}}{e^x + e^{-x}}$$

シグモイド関数は0から1まで滑らかに増加する関数です。

$$\text{sigmoid}(x) = \frac{1}{1+e^{-x}}$$

以上3つの関数を**図8-11**に示しました。

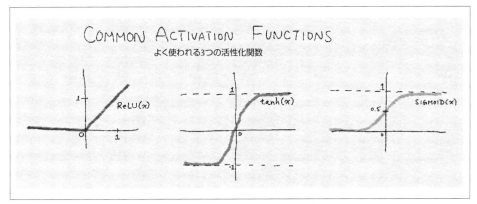

図8-11　よく使われる3つの活性化関数（ReLU、tanh、シグモイド関数）

　ReLU変換は元画像やガウシアンフィルタといった非負の関数群には影響を及ぼしません。一方で、全結合層や畳み込み層等の負の値を出力するものについては影響します。AlexNetはtanh関数やシグモイド関数の代わりにReLUを用い、その収束の速さを例証しています［Krizhevsky et al., 2012］。この論文の中では、全ての畳み込み層および全結合層の出力に対してReLUが適用されています。

8.3.4　応答正規化層

　4章および本章の冒頭で説明したため、読者はすでに正規化については馴染みがあるでしょう。正規化とは、関数の各出力値を、何らかの方法で集約した値で除する操作です。一方で、各出力の重みは近傍間での相対値として比較されるため、正規化は近傍間で競争を生じさせる操作という理解もできます（**図8-12参照**）。AlexNetは異なるフィルタにおいて位置ごとの出力を正規化しています。

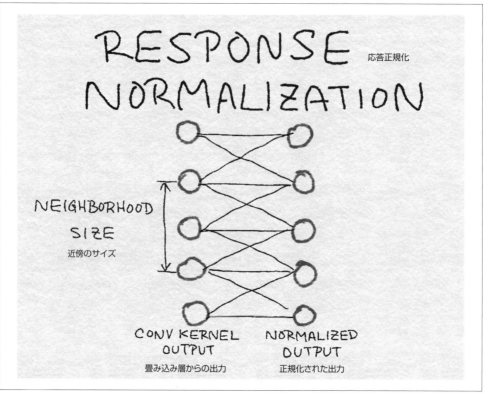

図8-12　畳み込み層からの出力に対する正規化の挙動（正規化は畳み込み層における近傍間で計算される）

局所的応答正規化（Local Response Normalization）は近傍フィルタ間の競争を生じさせる

　局所的応答正規化は指定した近傍の値を組み合わせた値で除するという操作で、具体的には以下のような操作です。

$$y_k = \frac{x_k}{\left(c + \alpha \sum_{\ell \in \text{ neigborhood of } k} x_\ell^2\right)^\beta}$$

ここで x_k は k 番目のフィルタの出力であり、y_k は近傍のフィルタの結果を踏まえて正規化された結果です。正規化は位置ごとに計算されます。具体的にいうと、位置 (i, j) ごとに近傍の畳み込みフィルタの結果を考慮した正規化を行います。なお、この操作は画像内の各位置における近傍を考慮した正規化とは異なるものです。フィルタの近傍範囲やその他のパラメータ

c、α、β はいずれもハイパーパラメータであり、バリデーションセットにおける結果を確認して調節します。

8.3.5　プーリング層

　プーリング層（pooling layer）は複数の入力を1つの入力にまとめる役割を持ちます。畳み込みフィルタが画像内で移動しながら近傍を値を集約していくように、プーリング層もレンズのように隣接する出力を1つの出力に集約します。プーリング層は画像の部分パターンから複数の値の代わりに1つの値を生成します。プーリング層は深層学習ネットワークの中間層の出力の数を減少させることで、学習データに対する過学習の可能性を減少させています。

　プーリングには、平均、加算（一般化したノルムの計算）、最大値等、複数の方法があります。プーリングは画像もしくは中間層の出力内を移動しながら値を算出します。AlexNetはオーバーラップMaxプーリング（overlapping max pooling）を用いており、画像内で2ピクセル（出力）ずつ移動しながら3つの近傍に対してプーリングを行っています。

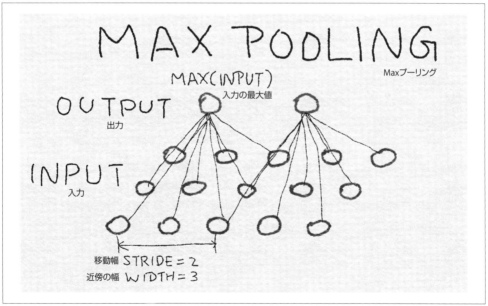

図8-13　Maxプーリング層は非線形ダウンサンプリングを用いることで、小領域におけるオーバーラップしていない四角形範囲の最大値を出力する

8.3.6　AlexNetの構造

　AlexNetは5つの畳み込み層、2つの応答正規化層、3つのMaxプーリング層、2つの全結合層を持ちます。最終的に分類を行う出力層を加えると、AlexNetには13層あり、これらは8つのグループに分けられます。詳細は図8-14を参照してください。

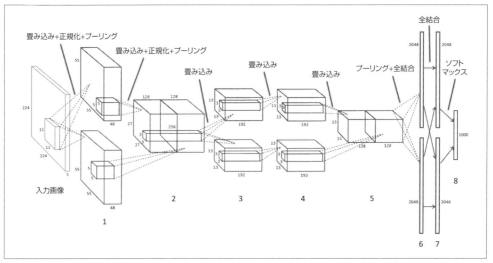

図8-14　AlexNetの構造（紫色と青色に塗り分けられた部分はそれぞれGPU 1とGPU 2に割り当てられている：印刷物の場合はモノクロ表現）

　まず、入力画像は256×256ピクセルに揃えられます。そしてそこから3つの色チャンネルにおいて、それぞれ224×224のサイズの画像をランダムに切り取ります。このあとに続く畳み込み層は応答正規化層とMaxプーリング層を伴います。一方、最後の畳み込み層はMaxプーリング層のみを伴います。AlexNetの元論文では2つのGPUで計算できるように学習データを分割しています。そのため、層間の情報伝達は、グループ2グループ5を除いては同じGPUの中だけに制限されます。グループ2および5においては各層は前層のフィルタの結果をボクセル入力として受け取っています。全ての中間層においてReLU変換が用いられています。

　図8-15には畳み込み層、応答正規化層、Maxプーリングの関係を図示しました。なお、正規化演算はフィルタ単位で行われるのに対して、プーリング演算は画像の小領域単位で行われます。またプーリング層は層の次元数を減少させる役割を持ちます。

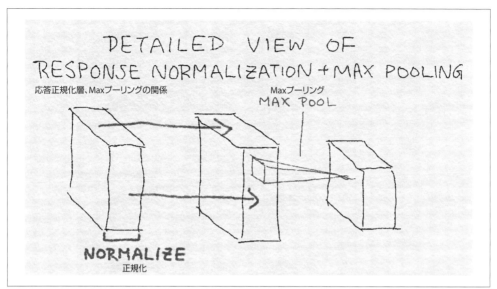

図8-15　畳み込み層、応答正規化層、Maxプーリングの関係を示した図

　AlexNetの構造は「勾配方向ヒストグラム−正規化−外れ値の除去−再正規化」というSIFTおよびHOGの構造（図8-6参照）を連想させますが、より多くの層を持っています（深層学習の「深層」たる所以です）。また、SIFTおよびHOGとは異なり、畳み込みフィルタや全結合層の重みはあらかじめ定めるわけではなく、データから学習します。さらにSIFTでは画像の特徴ベクトル全体を対象に正規化を行ったのに対して、AlexNetの応答正規化層は畳み込みフィルタ単位で正規化を行います。

　また、高レベルな視点から見ると、AlexNetは画像内の部分パターンの抽出から始め、続く層で前層の出力をもとにさらに大きな領域をカバーするパターンを抽出していきます。したがって、最初の5つの畳み込み層ではフィルタのサイズは比較的小さなものとなっていますが、後半ではより広汎なパターンを抽出できるようになっており、最後の全結合層ではもっとも広範囲をカバーしています。

　このように各層が表現しているパターンは概念的には明快ですが、実際のパターンを可視化するのは至難の技です。図8-16および図8-17には、学習済みのモデルにおける最初の2つの畳み込み層を可視化した結果を示しました。1つ目の層では異なる方向のグレースケールのエッジおよびテクスチャ、色のついたブロブ（color blob）およびテクスチャが検出されています。そして2つ目の層では種々の滑らかな部分パターンが検出されています。

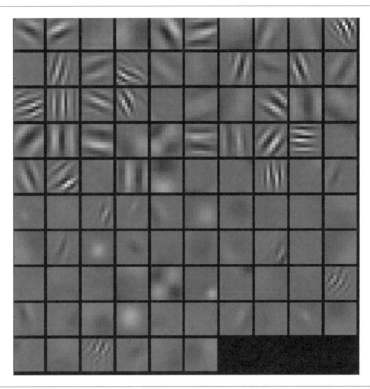

図8-16　学習済みのAlexNetにおける1つ目の畳み込み層を可視化した結果。2つのGPUで学習しており、GPU 1では異なる方向のグレースケールのエッジおよびテクスチャが検出され、GPU 2では色のついたブロブ（color blob）およびテクスチャが検出されている

　画像からの特徴抽出は目覚ましい進歩を遂げていますが、いまだ科学というよりアートの領域を脱していません。10年前は人々は画像勾配、エッジ検出、方向性、スムージング、正規化といった手法を職人芸で組み合わせて、画像からの特徴抽出を行っていました。現在は深層学習を用いて構築したモデルがこれらの手法をカプセル化して、パラメータを学習データから半ば自動的に学習してくれます。魔術的な要素はまだあるものの、それは抽象化され深層学習の薄皮一枚下に隠されるようになったと言えます。

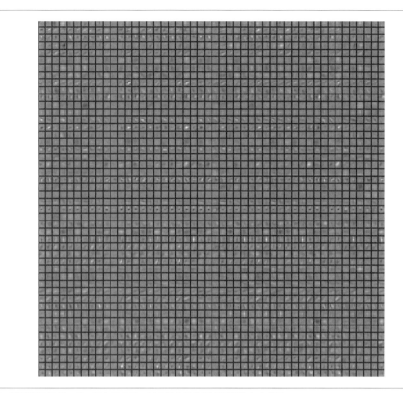

図8-17　学習済みのAlexNetにおける2つ目の畳み込み層を可視化した結果

8.4　まとめ

　本章では、まず直接的でシンプルな画像特徴量が画像分類のようなタスクにおいて必ずしも良い結果を生み出さないことについて直感的に説明しました。そして、ピクセルを要素単位として用いるのではなく、近傍におけるピクセル間の関係を考慮することが重要であることを学びました。さらに、SIFTやHOGといった元は別のタスクを解くために開発された手法（画像勾配を用いる手法）を、画像からの特徴量抽出に応用しました。

　近年のコンピュータビジョンの特徴量抽出における目覚ましい発展は深層学習によってもたらされたものでした。深層学習は多くの層と変換を積み重ねたニューラルネットワークであることは覚えておいてください。これらの層の学習結果を確認すると、そこにはそれぞれ線や勾配、カラーマップといった人間の視覚の構成要素と似た特徴量が学習されているのです。

8.5 参考文献

- "CS231n: Convolutional Neural Networks for Visual Recognition." Retrieved from http://cs231n.github.io/convolutional-networks/.
- Dalal, Navneet, and Bill Triggs. "Histograms of Oriented Gradients for Human Detection." Proceedings of the 2005 IEEE Computer Society Conference on Computer Vision and Pattern Recognition (2005): 886-893.
- Eliot, Lise. "What's Going On in There? How the Brain and Mind Develop in the First Five Years of Life." New York: Bantam Books, 2000.
- Krizhevsky, Alex, Ilya Sutskever, and Geoffrey Hinton. "ImageNet Classification with Deep Convolutional Neural Networks." Advances in Neural Information Processing Systems 25 (2012): 1097-1105.
- Lowe, David G. "Object Recognition from Local Scale-Invariant Features." Proceedings of the International Conference on Computer Vision (1999): 1150-1157.
- Lowe, David G. "Distinctive Image Features from Scale-Invariant Keypoints." International Journal of Computer Vision 60:2 (2004): 91-110.
- Malisiewicz, Tomasz. "From Feature Descriptors to Deep Learning: 20 Years of Computer Vision." Tombone's Computer Vision Blog, January 20, 2015. http://www.computervisionblog.com/2015/01/from-feature-descriptors-to-deep.html.
- Szegedy, Christian, Wei Liu, Yangqing Jia, Pierre Sermanet, Scott Reed, Dragomir Anguelov, Dumitru Erhan, Vincent Vanhoucke, and Andrew Rabinovich. "Going deeper with convolutions." In Proceedings of the IEEE conference on computer vision and pattern recognition (2015): 1-9.
- Zeiler, Matthew D., and Rob Fergus. "Visualizing and Understanding Convolutional Networks." Proceedings of the 13th European Conference on Computer Vision (2014): 818-833.

9章
バック・トゥ・ザ・「フィーチャー」：
学術論文レコメンドアルゴリズムの構築

> 数学では物事を理解しない。慣れるだけなのだ。
>
> ——ジョン・フォン・ノイマン

図1-1でデータを得てから結果を示すまでの道のりを示したように、データ解析をどう進めるべきかには明確な道標があるわけではありません。本書ではこれまで、整理されたシンプルなデータセットと簡単なモデルを使って、基本的な特徴量エンジニアリングのテクニックを紹介してきました。これらの例は、読者の理解が深まり、かつ有意義なものとなるよう意図されたものでした。

機械学習の実践例では一般的に、ベストな結果が得られるようなシナリオに基づいてその結果が示されます。このような例では、ここまで本書で解説してきた実践的な特徴量エンジニアリングの方法が活かされません。しかし基礎固めが終わった今、ここからは単純なトイデータを使った例には別れを告げて、実世界の構造化されたデータセットに対し、特徴量エンジニアリングのプロセスを実行していきましょう。それぞれの解析ステップを進めるごとに、特徴量を含む生データや、変形した特徴量がどのようにモデルに作用するかを見ていきます。また、解析の中で特徴量エンジニアリングがどのようなトレードオフを起こすかについても調べていきます。

はじめにはっきりさせておきますが、本章の例における目標はデータセットに対する最良のモデルを構築することではありません。本章では、ここまでに身につけた技術の一部を実際のデータに適用するだけでなく、それぞれの特徴量エンジニアリングのテクニックが構築中のモデルにどんな影響を与えているかをより深く検討／理解する方法について解説します。

9.1　アイテムベースの協調フィルタリング

本章ではMicrosoft Academic Graphデータセットの一部を利用し、学術論文のレコメンドシステムを作成していきます。これはGoogle Scholarの存在を知らない文献検索者にとって非常に便利なシステムです。データセットの概要は以下のとおりです。

> ## Microsoft Academic Graph データセット
> - このデータには重複無しで166,192,182報の論文が収録されており、Open Academic Graphのサイト上にデータが公開されている（https://www.openacademic.ai/oag/）。
> - 研究目的のみに利用可能。
> - データの総容量は104GB。
> - データには論文のタイトル、要約、著者、キーワード、研究分野など、18種の変数が含まれる。

このデータセットはデータベースへの格納／アクセスが容易になるように設計されていますが、機械学習モデル構築のためにそのまま利用できるデータ形式ではありません。このため、はじめにデータをモデル構築に利用しやすいように加工する必要があります。指導者のなかにはこのステップを省略して、直接モデルや結果の解釈に言及し、生徒の意識をAI脳へと高めてしまう人もいます。本書ではこのステップの解説を省略しません。初歩的なところから一緒に進めていきましょう。

まず、データに含まれる一部の変数だけを使い、これらを加工／編集してアイテムベースの協調フィルタリングモデルを作ってみましょう。その後、確立したモデルが類似した内容の論文を、適切かつ効率的に検索できるかについて検証します。

アイテムベース協調フィルタリングの起源
本手法は製品をレコメンドするためのユーザーベースアルゴリズムの改良として、Amazonで最初に開発されたアルゴリズムです。論文 [Sarawar, 2001] の中で、レコメンドエンジンの評価対象をユーザーベースからアイテムベースに切り替える課題と利点について解説されています。

アイテムベースの協調フィルタリングは、アイテム同士の類似性を使ってアイテムをレコメンドします。このアルゴリズムは、初めにアイテム同士の類似度スコアを算出してすべてのスコアをランク付けした後、上位 N 個の類似アイテムをレコメンドするという2段階のステップからなる手法です。

アイテムベースレコメンダの構築

アイテムベースレコメンダは以下の3つのタスクからなります。

1. レコメンドに使うアイテムの情報を機械学習で使えるよう整理する。
2. レコメンドを計算する際の元となるアイテムと似たアイテムをみつけるために、元アイテ

ム以外の全アイテムについてスコアを設定する。
3. ランク付けされたアイテムとスコアを返す。

9.2 解析第1回：データインポート／クリーニング／特徴量の解析

あらゆる優れた科学実験と同様に、仮説を立ててからデータの解析を始めましょう。今回のケースでは、ほぼ同じ時期に発表された近い研究分野の論文が、ユーザーにとって特に有用であると仮説を立てます。データの一部に着目し、そのデータの列を調べるという素朴なアプローチをとりましょう。データに前処理をかけて単純なスパース配列を生成したあと、アイテム配列全体にアイテムベースの協調フィルタリングを適用し、良い結果が得られるかどうかを確認します。

アイテムベースの協調フィルタリングの結果は、アイテムを比較する際に使う類似度スコアに依存します。今回のケースでは、コサイン類似度を使って、2つのアイテムを表す2つの非零ベクトルを合理的に比較します。次の例では、コサイン類似度を1から差し引いて定義されるコサイン距離を利用します。式で表すと、

$$D_c(A, B) = 1 - S_c(A, B)$$

であり、$D_c(A, B)$はコサイン距離、$S_c(A, B)$はコサイン類似度を表します。

9.2.1 学術論文レコメンドエンジン：テイク1──単純なアプローチ

データ解析の道のりの第1歩は、データのインポートとその検証です。例9-1に示したように、データはインポートの後、一部の変数を削除した上で英語論文のみを選択し、解析に使う範囲を絞り込みます。図9-1に示したように、絞り込み後のデータにもさまざまな形式の特徴量が含まれていることがわかります。

例9-1　インポート＋データ絞り込み
```
>>> import pandas as pd
>>> model_df = pd.read_json('data/mag_papers_0/mag_subset20K.txt', lines=True)
>>> model_df.shape
(20000, 19)
>>> model_df.columns
Index(['abstract', 'authors', 'doc_type', 'doi', 'fos', 'id', 'issue',
       'keywords', 'lang', 'n_citation', 'page_end', 'page_start', 'publisher',
       'references', 'title', 'url', 'venue', 'volume', 'year'],
      dtype='object')

# 英語でない文献の除去および変数の絞り込み
>>> model_df = model_df[model_df.lang == 'en']
```

```
...             .drop_duplicates(subset='title', keep='first')
...             .drop(['doc_type', 'doi', 'id', 'issue', 'lang', 'n_citation',
...                    'page_end', 'page_start', 'publisher', 'references',
...                    'url', 'venue', 'volume'],
...                   axis=1)
>>> model_df.shape
(10399, 6)
```

	要旨	著者名	論文の分野	キーワード	論文タイトル	出版年
0	ダイレクトマスクレス書き込みのためのシステムと方法…	NaN	[電子工学・コンピュータハードウェア…]	NaN	ダイレクトマスクレス書き込みのためのシステムと方法…	2015
1	NaN	[{'著者名': 'アーメド M. アルワイミ'}]	[生物学, ウイルス学, 免疫学, 微生物学]	[ヨーネ菌, 亜種, 紀要…]	ヨーネ菌結核感染症のジレンマ…	2016

図9-1　加工した Microsoft Academic Graph dataset のはじめの2行

表9-1には生データをモデルの変数として加工するために必要な、データ型や欠損の情報をまとめました。リスト型や辞書型はデータの保存には適していますが、加工なしでは機械学習に適用するのに十分tidy[†1]ではありません［Wickham, 2014］。

表9-1　model_df の概要

変数名	変数の内容	データ型	# NaN の数
abstract	要旨	string 型	4393
authors	著者名と所属	dict 型の list, keys = name, org	1
fos	研究分野	string 型の list	1733
keywords	キーワード	string 型の list	4294
title	論文タイトル	string 型	0
year	出版年	int 型	0

例9-2に示したように、まず出版年（year）と研究分野（fos）の2つの変数について注目していきましょう。これらの変数を図9-2のように、list 型、int 型から特徴量の配列に変換します。

例9-2　協調フィルタリングステージ1：アイテム、特徴配列の構築

```
# 本書では下記のようなコードで説明しているが、このコードは冗長で処理も遅い
# 日本語版の本書のgithubでは、書き換えたコードを公開しているのでそちらも参照
>>> unique_fos = sorted(list({feature
...                           for paper_row in model_df.fos.fillna('0')
...                           for feature in paper_row }))

>>> unique_year = sorted(model_df['year'].astype('str').unique())
>>> def feature_array(x, var, unique_array):
...     row_dict = {}
...     for i in x.index:
```

[†1] 訳注：Hadley Wickham の提唱する tidy data の意。

9.2 解析第1回:データインポート／クリーニング／特徴量の解析

```
...         var_dict = {}
...         for j in range(len(unique_array)):
...             if type(x[i]) is list:
...                 if unique_array[j] in x[i]:
...                     var_dict.update({var + '_' + unique_array[j]: 1})
...                 else:
...                     var_dict.update({var + '_' + unique_array[j]: 0})
...             else:
...                 if unique_array[j] == str(x[i]):
...                     var_dict.update({var + '_' + unique_array[j]: 1})
...                 else:
...                     var_dict.update({var + '_' + unique_array[j]: 0})
...         row_dict.update({i : var_dict})
...     feature_df = pd.DataFrame.from_dict(row_dict, dtype='str').T
...     return feature_df

>>> year_features = feature_array(model_df['year'], unique_year)
>>> fos_features = feature_array(model_df['fos'], unique_fos)

>>> first_features = fos_features.join(year_features).T

>>> from sys import getsizeof
>>> print('Size of first feature array: ', getsizeof(first_features))
Size of first feature array: 2583077234
```

	0	1	2	5	7	8	9	10	11	12	...	19985	19986	19987	19988	19993	19994	19995	19997	19998	19999
0	0	0	0	0	0	0	0	0	0	0	...	0	0	0	0	0	0	0	0	0	0
0-10Vの照明調整	0	0	0	0	0	0	0	0	0	0	...	0	0	0	0	0	0	0	0	0	0
1/N展開	0	0	0	0	0	0	0	0	0	0	...	0	0	0	0	0	0	0	0	0	0
10G-パッシブ・オプティカル・ネットワーク	0	0	0	0	0	0	0	0	0	0	...	0	0	0	0	0	0	0	0	0	0
14-3-3タンパク質	0	0	0	0	0	0	0	0	0	0	...	0	0	0	0	0	0	0	0	0	0

5 rows × 10399 columns

図9-2　first_featuresデータのはじめの5行。列が元データのID。行が特徴量

これにより、1万行の生データを、2.5GBの比較的小さなデータセットに変換できました。しかしこの方法は、データ探索をすばやく、何度も行えるほど効率がよくありません。このため、効率よく、かつ少ない計算資源で実行可能な高速な特徴エンジニアリングのテクニックが必要です。

では**例9-3**で、先程作成した特徴量が、どのようなレコメンドをするか見ていきましょう。本章では良いレコメンドを、入力データと似た論文が出力されることと定義します。

例9-3　協調フィルタリングステージ2:類似アイテムの探索

```
>>> from scipy.spatial.distance import cosine

>>> def item_collab_filter(features_df):
```

```
...         item_similarities = pd.DataFrame(index = features_df.columns,
...                                          columns = features_df.columns)
...     for i in features_df.columns:
...         for j in features_df.columns:
...             item_similarities.loc[i][j] = 1 - cosine(features_df[i],
...                                                      features_df[j])
...     return item_similarities

>>> first_items = item_collab_filter(first_features.loc[:, 0:1000])
```

この計算にはとても時間がかかります。なぜたった2つだけの特徴量を使ったアイテム類似性の計算にこれほど時間がかかるのでしょうか。ここではネストされた`for loop`を使って、10399×1000の行列のドット積（要素同士の積）を取っています。ループ内の1イテレーションにかかる時間は、モデルに変数を追加するたびに長くなっていきます。このデータセットは、論文データ全体の一部であり、英語論文のみに限られている点を思い出してみましょう。「良い」結果に近づくにつれて、より良い結果を得るために大きなデータセットを使ったテストを行う必要があります。

どうすればこのサイクルをより速く進められるでしょうか。1回の検索で必要な結果は1つだけなので、一度に計算するアイテムを1つだけするように関数を書き換えると良いでしょう。この内容については後で紹介するので、引き続き実験を続けていきましょう。実データを総当たりで反復的に処理した際の影響を理解するために、特徴空間全体を見るのは有用です。

特徴量と良いレコメンデーションを結びつけるには、より良いアイデアを得る必要があります。しかし次のステップに進むためのヒントを十分得ているのでしょうか。**例9-4**のようにヒートマップを作成し、レコメンド結果と類似の論文があるかどうか確認してみましょう。結果を**図9-3**に示します。

例9-4　ヒートマップによる類似論文の探索

```
>>> import matplotlib.pyplot as plt
>>> import seaborn as sns
>>> import numpy as np
>>> sns.set()
>>> ax = sns.heatmap(first_items.fillna(0),
...                  vmin=0, vmax=1,
...                  cmap='YlGnBu',
...                  xticklabels=250, yticklabels=250)
>>> ax.tick_params(labelsize=12)
```

図中の暗いピクセルは、お互いの論文が似ていることを表しています。対角線が暗くなっているのは、それぞれの論文のコサイン類似度が「その論文自身で最も高くなる」という意味です。しかし、作成した特徴量にNaNをもつ論文が複数あるため、対角線は破線状になっています。図からデータセットは多様性に富んでおり、ほとんどの論文はお互いに類似度が低いですが、多少は類似性が高い候補論文があることにも気がつくでしょう。このレコメンド結果は良いとも悪いとも言い切れません。しかし、類似性の高い論文が見つかっているので、全く的外れというわけでもないでしょう。

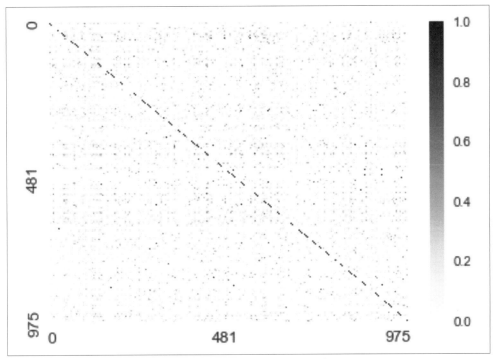

図9-3　2つの特徴量（出版年／研究分野）に基づく類似論文のヒートマップ

　例9-5ではこれらアイテムの類似度を、どうやってレコメンドに変換しているかを紹介しています。このモデルについては学習に使える特徴量をまだまだ取ってあるので、改善の余地が十分残されています。

例9-5　アイテムベース協調フィルタリングによる類似論文のレコメンド

```
>>> def paper_recommender(paper_ix, items_df):
...     print('Based on the paper: \nindex = ', paper_ix)
...     print(model_df.iloc[paper_ix])
...     top_results = items_df.loc[paper_ix].sort_values(ascending=False).head(4)
...     print('\nTop three results: ')
...     order = 1
...     for i in top_results.index.tolist()[-3:]:
...         print(order,'. Paper index = ', i)
...         print('Similarity score: ', top_results[i])
...         print(model_df.iloc[i], '\n')
...         if order < 5: order += 1

>>> paper_recommender(2, first_items)

Based on the paper:
index =   2
```

```
abstract                                                     NaN
authors    [{'name': 'Jovana P. Lekovich', 'org': 'Weill ...
fos                                                          NaN
keywords                                                     NaN
title      Should endometriosis be an indication for intr...
year                                                        2015
Name: 2, dtype: object

Top three results:
1 . Paper index =  2
Similarity score:  1.0
abstract                                                     NaN
authors    [{'name': 'Jovana P. Lekovich', 'org': 'Weill ...
fos                                                          NaN
keywords                                                     NaN
title      Should endometriosis be an indication for intr...
year                                                        2015
Name: 2, dtype: object

2 . Paper index =  292
Similarity score:  1.0
abstract                                                     NaN
authors    [{'name': 'John C. Newton'}, {'name': 'Beers M...
fos           [Wide area multilateration, Maneuvering speed,...
keywords                                                     NaN
title              Automatic speed control for aircraft
year                                                        1955
Name: 561, dtype: object

3 . Paper index =  593
Similarity score:  1.0
abstract   This paper demonstrates that on-site greywater...
authors    [{'name': 'Eran Friedler', 'org': 'Division of...
fos           [Public opinion, Environmental Engineering, Wa...
keywords   [economic analysis, tratamiento desperdicios, ...
title      The water saving potential and the socio-econo...
year                                                        2008
Name: 1152, dtype: object
```

　レコメンドの結果、検索に使った論文そのものが、最も近い論文だという自明な結果が得られました。しかし、残り2つの結果については、モデルに組み込んだ特徴量である、出版年や研究分野すら近い論文とは言えません。

　読者はこのように考えるかもしれません。「ああ、でも今はビックデータの時代だし、データをもっと集めれば問題は解決できるよ。たくさんのデータを使えば良い結果が得られるんだろ？」と。確かにそうかも知れません。しかし、データの加工が不十分だったり、特徴量エンジニアリング手法の選択を誤っていると、どれだけデータがあっても良い結果は得られません（図9-4）。

図9-4　問題のある機械学習（https://xkcd.com/1838/）

　ここで実施した総当たり法は、スマートで反復的な特徴量エンジニアリングを行うには非常に遅い手法です。そこで、計算時間が短く、より良い特徴量を見つけられ、かつ優れた結果が検索できるように、新たな特徴量エンジニアリングの手法を試してみましょう。

9.3　解析第2回：より技術的に洗練されたスマートなモデル

　大規模でスパースな配列を作成し、それらをモデルに使用するという第1回目のアプローチには、多くの改善点が残っています。次のステップでは選択した2つの特徴量（出版年／研究分野）について、より良い特徴量エンジニアリングをほどこす方法を示します。また、アイテムベースの協調フィルタリングに修正を加えて反復処理を高速化する点について解説します。

　仮説で示した2つの特徴量（出版年／研究分野）について、より優れた特徴量エンジニアリングを試みます。ここまでに取り扱った特徴量をより詳細に解析することで、レコメンドシステムで使用するさまざまな形式の変数を加工する方法や、変数をより良い形の特徴量に変換する手法を選択できるようになるでしょう。

9.3.1　学術論文レコメンドエンジン：テイク2

　まず論文の出版年に注目しましょう。離散化の際に類似度を評価基準とする場合、特徴量の値を加工せずにそのまま使うと問題が発生するかもしれないことに注意します（「2.2.2 離散化」参照）。

そこで、例9-6および図9-5では出版年の特徴量を、協調フィルタリングでうまく活かせるように加工する方法を紹介します。

例9-6　固定幅のビン分割とダミーコーディング：パート1

```
>>> year_min = model_df['year'].min()
>>> year_max = model_df['year'].max()
>>> print('Year spread: ', year_min,' - ', year_max)
>>> print('Quantile spread:\n', model_df['year'].quantile([0.25, 0.5, 0.75]))
Year spread:  1831  -  2017
Quantile spread:
0.25    1990.0
0.50    2005.0
0.75    2012.0
Name: year, dtype: float64

# 分布を確認するために出版年をプロットする
>>> fig, ax = plt.subplots()
>>> model_df['year'].hist(ax=ax, bins=year_max - year_min)
>>> ax.tick_params(labelsize=12)
>>> ax.set_xlabel('Year Count', fontsize=12)
>>> ax.set_ylabel('Occurrence', fontsize=12)
```

図9-5のように、年ごとに出版される論文の本数は歪んだ分布を示しており、離散化の例として優れているとわかります。

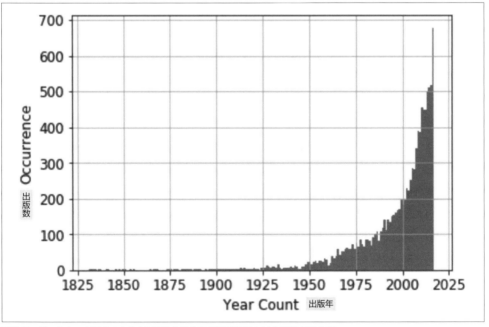

図9-5　データセットに含まれる10,000本以上の学術論文における出版年の分布

ビンの数は特徴量に含まれるカウントの量ではなく、何年単位といった変数の幅によって区切られています。特徴空間を更に減らすため、変換したビンをダミーコーディングしましょう（例9-7参照）。これらの処理はいずれもPandasの組み込み関数から実行できます。これらのテクニックにより結果の解釈が容易になるため、変換した特徴量の分布を次のステップに移る前にすばやく確認できます（図9-6参照）。

例9-7　固定幅のビン分割とダミーコーディング：パート2

```
# ビンの幅を10年区切りに修正し、特徴空間を156から19に削減
>>> bins = int(round((year_max - year_min) / 10))
>>> temp_df = pd.DataFrame(index=model_df.index)
>>> temp_df['yearBinned'] = pd.cut(model_df['year'].tolist(), bins, precision=0)
>>> X_yrs = pd.get_dummies(temp_df['yearBinned'])
>>> X_yrs.columns.categories
IntervalIndex([(1831.0, 1841.0], (1841.0, 1851.0], (1851.0, 1860.0],
               (1860.0, 1870.0], (1870.0, 1880.0] ... (1968.0, 1978.0],
               (1978.0, 1988.0], (1988.0, 1997.0], (1997.0, 2007.0],
               (2007.0, 2017.0]]
                closed='right',
                dtype='interval[float64]')

# 新しい分布をプロットする
>>> fig, ax = plt.subplots()
>>> X_yrs.sum().plot.bar(ax=ax)
>>> ax.tick_params(labelsize=8)
>>> ax.set_xlabel('Binned Years', fontsize=12)
>>> ax.set_ylabel('Counts', fontsize=12)
```

10年区切りでの離散化により、元の変数の分布形状を大まかに保ったまま特徴量を加工できました。また、分布形状を変形してモデルに組み込みたい場合には、ビンの切り方を変えると、その変数がモデルに与える影響を変えられます。この例題ではコサイン類似度を指標に利用しているため、ビンの切り方を変えても問題になりません。続いて、最初のモデルに組み込んでいたもう1つの特徴量である研究分野について見ていきましょう。

研究分野に関する特徴量は、第1回目のモデルの大きさや、計算時間に大きく影響していました。ではここまでに学んできたことをこのデータに当てはめて見ましょう。1回目の解析で、文字列のリストの解析により「Bag-of-Phrases」を作成しました。1回目のときにすでに特徴量のスパース配列を作成しておいたので、ここではより効率的なデータ型を使う方法に焦点をあてます。例9-8では、保存されたデータをPandas DataFrameからNumPy sparse arrayに変えたときの、データサイズの変化を示しています。

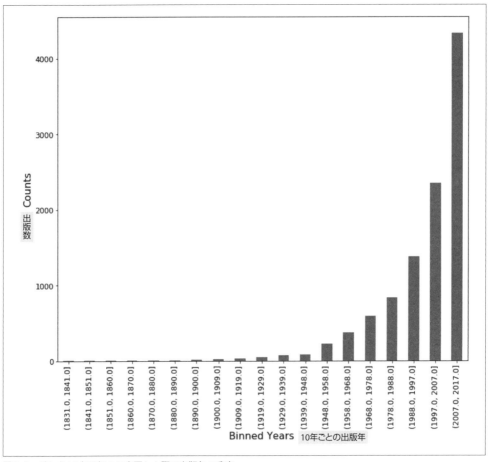

図9-6 ビンを10年区切りに変更した際の出版年の分布

例9-8 「bag-of-phrases」データをpd.SeriesからNumPy sparse arrayに変更

```
>>> X_fos = fos_features.values

# データ型を変えるとそれぞれのデータサイズがどのくらい変わるか確認する
>>> print('Our pandas Series, in bytes: ', getsizeof(fos_features))
>>> print('Our hashed numpy array, in bytes: ', getsizeof(X_fos))
Our pandas Series, in bytes:  2530632380
Our hashed numpy array, in bytes:  112
```

型の変更により、データがずっと小さくなったことがわかります。変更したデータを1回目の解析で作った特徴量とつなげて保存し（例9-9）、レコメンドエンジンを再実行します（例9-10）。scikit-learnのコサイン類似度関数を使って、修正したレコメンドエンジンが改善しているか確認してみましょう。また、この例では1回の計算で1つのアイテムに集中して計算するので、計算時間も短縮できます。

9.3 解析第2回：より技術的に洗練されたスマートなモデル | 171

例9-9　協調フィルタリングstage1+2：類似アイテム検索のためのアイテム特徴量行列作成

```python
>>> second_features = np.append(X_fos, X_yrs, axis=1)
>>> print('The power of feature engineering saves us, in bytes: ',
...        getsizeof(first_features) - getsizeof(second_features))
The power of feature engineering saves us, in bytes:  168066769

>>> from sklearn.metrics.pairwise import cosine_similarity

>>> def piped_collab_filter(features_matrix, index, top_n):
...     item_similarities = \
...         1 - cosine_similarity(features_matrix[index:index+1],
...                               features_matrix).flatten()
...     related_indices = \
...         [i for i in item_similarities.argsort()[::-1] if i != index]
...     return [(index, item_similarities[index])
...             for index in related_indices
...             ][0:top_n]
```

例9-10　アイテムベース協調フィルタリングによる類似論文のレコメンド：テイク2

```python
>>> def paper_recommender(items_df, paper_ix, top_n):
...     if paper_ix in model_df.index:
...         print('Based on the paper:')
...         print('Paper index = ', model_df.loc[paper_ix].name)
...         print('Title :', model_df.loc[paper_ix]['title'])
...         print('FOS :', model_df.loc[paper_ix]['fos'])
...         print('Year :', model_df.loc[paper_ix]['year'])
...         print('Abstract :', model_df.loc[paper_ix]['abstract'])
...         print('Authors :', model_df.loc[paper_ix]['authors'], '\n')
...         # define the location index for the DataFrame index requested
...         array_ix = model_df.index.get_loc(paper_ix)
...         top_results = piped_collab_filter(items_df, array_ix, top_n)
...         print('\nTop',top_n,'results: ')
...
...         order = 1
...         for i in range(len(top_results)):
...             print(order,'. Paper index = ',
...                   model_df.iloc[top_results[i][0]].name)
...             print('Similarity score: ', top_results[i][1])
...             print('Title :', model_df.iloc[top_results[i][0]]['title'])
...             print('FOS :', model_df.iloc[top_results[i][0]]['fos'])
...             print('Year :', model_df.iloc[top_results[i][0]]['year'])
...             print('Abstract :', model_df.iloc[top_results[i][0]]['abstract'])
...             print('Authors :', model_df.iloc[top_results[i][0]]['authors'],
...                   '\n')
...             if order < top_n: order += 1
...     else:
...         print('Whoops! Choose another paper. Try something from here: \n',
...               model_df.index[100:200])

>>> paper_recommender(second_features, 2, 3)
Based on the paper:
Paper index =  2
```

```
Title : Should endometriosis be an indication for intracytoplasmic sperm inject ...
FOS : nan
Year : 2015
Abstract : nan
Authors : [{'name': 'Jovana P. Lekovich', 'org': 'Weill Cornell Medical College, ...

Top 3 results:
1 . Paper index =  10055
Similarity score:  1.0
Title : [Diagnosis of cerebral tumors; comparative studies on arteriography, ...
FOS : ['Radiology', 'Pathology', 'Surgery']
Year : 1953
Abstract : nan
Authors : [{'name': 'Antoine'}, {'name': 'Lepoire'}, {'name': 'Schoumacker'}]

2 . Paper index =  11771
Similarity score:  1.0
Title : A Study of Special Functions in the Theory of Eclipsing Binary Systems
FOS : ['Contact binary']
Year : 1981
Abstract : nan
Authors : [{'name': 'Filaretti Zafiropoulos', 'org': 'University of Manchester'}]

3 . Paper index =  11773
Similarity score:  1.0
Title : Studies of powder flow using a recording powder flowmeter and measure ...
FOS : nan
Year : 1985
Abstract : This paper describes the utility of the dynamic measurement of the ...
Authors : [{'name': 'Ramachandra P. Hegde', 'org': 'Department of Pharmacy, ...
```

正直に言うと、この段階では特徴量選択がうまくいっているとは思えません。これは対象とした特徴量に欠損値があるためです。では続いて、より多くの情報を持つ特徴量をモデルに組み込む場合について考えていきます。

Pandas.DataFramesの行列指定方法

　Pandas.DataFramesの行や列の指定方法にはさまざまな方法があり、よく混乱します。本項では、Pandasでよく利用する行や列の指定方法である、.iloc、.loc、.get_locについて、例9-11を用いて説明します。

　前提知識として、Pandas.DataFramesについて学びましょう。Pandas.DataFramesは、行列の値を保持するvaluesプロパティの他に、行名を保持するindexプロパティと列名を保持するcolumnsプロパティをもっています。両プロパティには、それぞれPandas.Indexが設定されています。Pandas.Indexにもさまざまな型がありますが、簡単に言えば行名または列名を持つリストを拡張したクラスです。

- `.loc`は、`Pandas.DataFrame`が持つ関数です。`index`プロパティと`columns`プロパティに格納されている`Pandas.Index`オブジェクトの値によって、`Pandas.DataFrame`の行列を絞ります。1次元配列を用いた場合は行のみ、2次元配列を用いた場合は行列の絞り込みを行います。返り値の型は、該当行列数や指定方法によって、`Pandas.DataFrame`、`Pandas.Series`や`numpy`の各型などになります。
- `.iloc`、`Pandas.DataFrame`が持つ関数です。行番号や列番号によって、`Pandas.DataFrame`の行列を絞ります。1次元配列を用いた場合は行のみ、2次元配列を用いた場合は行列の絞り込みを行います。`.loc`同様に、返り値の型は、該当行列数や指定方法によって異なります。
- `.get_loc`は、`Pandas.Index`が持つ関数です。引数で指定された値と`Index`オブジェクトの値が一致する、`Index`オブジェクトのインデックス番号を返します。返り値の型は、該当数や連続値であるかによって、数値、`slice`や論理値のリストになります。

例9-11　loc, iloc, get_loc の使い分け

```
>>> model_df.loc[21]
abstract   A microprocessor includes hardware registers t...
authors                      [{'name': 'Mark John Ebersole'}]
fos          [Embedded system, Parallel computing, Computer...
keywords                                                  NaN
title      Microprocessor that enables ARM ISA program to...
year                                                     2013
Name: 21, dtype: object

>>> model_df.iloc[21]
abstract                                                  NaN
authors    [{'name': 'Nicola M. Heller'}, {'name': 'Steph...
fos        [Biology, Medicine, Post-transcriptional regul...
keywords   [glucocorticoids, post transcriptional regulat...
title      Post-transcriptional regulation of eotaxin by ...
year                                                     2002
Name: 30, dtype: object

>>> model_df.index.get_loc(30)
21
```

9.4　解析第3回：より多くの特徴量がさらなる情報をもたらす

これまでに行ってきた2つの実験からは、出版年と研究分野の特徴量が類似論文のレコメンドにおける重要な特徴量だろうという仮説を支持できませんでした。この結果を改善するには以下の方法が考えられます。

1. より良い結果が得られるか確かめるために、より多くの元データを使用する。
2. データ探索に費やす時間を増やし、より良いレコメンドを行うために十分なデータがあるかを調べる。
3. より多くの特徴量を加えてモデルを再構築する。

1つ目のアプローチは、データセットのサンプリングに問題があったと仮定しています。サンプリングの問題は起こり得ますが、これは図9-4で紹介したうまく行かなかった機械学習システムの、「出力された答えが正解に見えるようになるまでデータの山をかき混ぜるのさ！」と同じ考え方と言えます。

2つ目のアプローチをとれば、基礎となる生データについてより良いアイデアを得られるでしょう。データの探索プロセスは特徴量とモデル選択の結果に基づき、継続的に何度も繰り返す必要があります。もちろん、この実験で選択した最初のサンプルもこのステップの結果から抽出されたサブセットです。しかしこのサブセットには利用できる変数がまだまだたくさんあるので、まだこのアプローチに立ち返る必要はありません。

最後に残った3つめのアプローチは、これまでに確立したモデルに、より多くの特徴量を追加していく方法です。それぞれのアイテムについての情報を追加すれば、コサイン類似度のスコアが上昇し、より良いレコメンドが得られるでしょう。

はじめに行ったデータの探索の結果から、次のステップでは最も多くの情報が含まれている、要旨（abstract）と著者（authors）に関する特徴量に焦点を当てていきます。

9.4.1　学術論文レコメンドエンジン：テイク3

3章、4章の例を振り返ってみると、要旨から作られる特徴量は、単語除去（「3.2 特徴選択のための単語除去」参照）やTF-IDF（「4.1 TF-IDF：Bag-of-Wordsに対するシンプルな変換方法」参照）を使った特徴的な関連語の探索にうってつけなものだとわかります。以下の例9-12を見てみましょう。

例9-12　ストップワード+TF-IDF

```
# sklearnで予測を行う際にはNaNを埋めておく必要がある
>>> filled_df = model_df.fillna('None')

>>> from sklearn.feature_extraction.text import TfidfVectorizer

>>> vectorizer = TfidfVectorizer(sublinear_tf=True, max_df=0.5,
...                              stop_words='english')
>>> X_abstract = vectorizer.fit_transform(filled_df['abstract'])
>>> third_features = np.append(second_features, X_abstract.toarray(), axis=1)
```

9.4 解析第3回：より多くの特徴量がさらなる情報をもたらす

続いて例9-13のように、処理に手間のかかる著者に関する特徴量をdict型に変換し、その変換した特徴量をOne-Hotエンコード処理することで計算負荷を低減します。

例9-13 scikit-learnのDictVectorizerを使ったOne-Hotエンコーディング

```
>>> authors_list = []

>>> for row in filled_df.authors.itertuples():
...     # それぞれのSeriesインデックスからdict型オブジェクトを作成する
...     if type(row.authors) is str:
...         y = {'None': row.Index}
...     if type(row.authors) is list:
...         # これらのキー、値をdict型オブジェクトに追加する
...         y = dict.fromkeys(row.authors[0].values(), row.Index)
...     authors_list.append(y)

>>> authors_list[0:5]
[{'None': 0},
 {'Ahmed M. Alluwaimi': 1},
 {'Jovana P. Lekovich': 2, 'Weill Cornell Medical College, New York, NY': 2},
 {'George C. Sponsler': 5},
 {'M. T. Richards': 7}]

>>> from sklearn.feature_extraction import DictVectorizer
>>> v = DictVectorizer(sparse=False)
>>> D = authors_list
>>> X_authors = v.fit_transform(D)
>>> fourth_features = np.append(third_features, X_authors, axis=1)
```

これらの新しい特徴量がレコメンドエンジンにどのような影響を及ぼしたか確認してみましょう。例9-14に結果を示します。

例9-14 アイテムベース協調フィルタリングによる類似論文のレコメンド：テイク3

```
>>> paper_recommender(fourth_features, 2, 3)

Based on the paper:
Paper index =  2
Title : Should endometriosis be an indication for intracytoplasmic sperm inject ...
FOS : nan
Year : 2015
Abstract : nan
Authors : [{'name': 'Jovana P. Lekovich', 'org': 'Weill Cornell Medical College, ...

Top 3 results:
1 . Paper index =  10055
Similarity score:  1.0
Title : [Diagnosis of cerebral tumors; comparative studies on arteriography, ...
FOS : ['Radiology', 'Pathology', 'Surgery']
Year : 1953
Abstract : nan
```

```
    Authors : [{'name': 'Antoine'}, {'name': 'Lepoire'}, {'name': 'Schoumacker'}]

    2 . Paper index =  5601
    Similarity score:  1.0
    Title : 633 Survival after coronary revascularization, with and without mitral ...
    FOS : ['Cardiology']
    Year : 2005
    Abstract : nan
    Authors : [{'name': 'J.B. Le Polain De Waroux'}, {'name': 'Anne-Catherine ...

    3 . Paper index =  12256
    Similarity score:  1.0
    Title : Nucleotide Sequence and Analysis of an Insertion Sequence from Bacillus ...
    FOS : ['Biology', 'Molecular biology', 'Insertion sequence', 'Nucleic acid ...
    Year : 1994
    Abstract : A 5.8-kb DNA fragment encoding the  cryIC  gene from  Bacillus thur...
    Authors : [{'name': 'Geoffrey P. Smith'}, {'name': 'David J. Ellar'}, {'name': ...
```

一部に欠損値が存在するデータであっても、今回の特徴量エンジニアリングに基づくレコメンドで得られた上位3つの論文は、ベースとなる論文と同じ医療分野の論文でした。

データセットに含まれている論文は多岐にわたります。研究分野をランダムにデータから抽出してみると、「カップリング定数」、「蒸発散量」、「ハッシュ関数」、「IVMS」、「瞑想」、「パレート分析」、「第2世代ウェーブレット変換」、「スリップ」、「渦巻銀河」などの領域が含まれています。今回得られた結果は良い方向に向かっているようで、データに含まれる1万報以上の論文には7,604種類の固有の研究分野が含まれているにもかかわらず、同一分野の論文がレコメンドにより得られました。このことから、私達の実験が有用なモデル構築に向かって進んでいると確信できます。

さらに、論文タイトルから名詞を見つける、キーワードから語幹を抽出するといった、テキストに関する特徴量抽出を繰り返すと、最適なレコメンデーションに近づくでしょう。

ここで言う「最適な」レコメンドとは、すべての検索エンジンとレコメンドエンジンが探し求める聖杯とも呼べるものです。私達が探しているのは、ユーザーにとって最も役に立つ情報です。この情報はデータで直接示すことができる場合とできない場合があります。しかし、特徴量エンジニアリングにより顕著な性質を持つ特徴量を要約することで、特徴空間に明示的／暗示的に含まれる情報をアルゴリズムで活用できるようになります。

9.5　まとめ

ここまでで見てきたように、機械学習モデルの構築は難しくありません。しかし、有用な結果をもたらす良いモデルを構築するには時間や労力が必要になります。本章では、良好なモデル構築に寄与しうる変数集合に対する検証や、優れた結果を得るためのさまざまな特徴量エンジニアリング手法の検討といった、複雑なプロセスについて紹介しました。本章における「より良い」方法とは、トレーニング、テストにおける結果の良し悪しだけではなく、モデルのサイズや実験検証に必

要な時間の短縮という意味も含んでいます。

　知識を効率的に仕事に落とし込むための直感を得るために仕事の原則を深く学ぶことが、どのように物事の習得につながるのかについて議論した内容を出発点として本書は執筆されました。本書が読者の効率的で効果的な作業を進めるための知識を提供するとともに、特徴量エンジニアリングが有用な機械学習モデルの構築になぜ不可欠であるのかについての数学的、計算科学的な理解の深化に役立つことを祈っています。

9.6　参考文献

- Sarwar, Badrul, George Karypis, Joseph Konstan, and John Riedl. "Item-Based Collaborative Filtering Recommendation Algorithms." Proceedings of the 10th International Conference on the World Wide Web (2001) 285-295.
- Sinha, Arnab, Zhihong Shen, Yang Song, Hao Ma, Darrin Eide, Bo-June (Paul) Hsu, and Kuansan Wang. "An Overview of Microsoft Academic Service (MAS) and Applications." Proceedings of the 24th International Conference on the World Wide Web (2015): 243-246.
- Tang, Jie, Jing Zhang, Limin Yao, Juanzi Li, Li Zhang, and Zhong Su. "ArnetMiner: Extraction and Mining of Academic Social Networks." Proceedings of the 14th ACM SIGKDD International Conference on Knowledge Discovery and Data Mining (2008): 990-998.
- Wickham, Hadley. "Tidy Data." The Journal of Statistical Software 59 (2014).

付録A
線形モデリングと線形代数の基礎

A.1 線形分類の概要

　異なるクラスのラベルが付いているデータセットを取り扱う場合、特徴空間の中に異なるクラスのデータ点が存在することになります。分類器の仕事は、異なるクラスに属するデータ点を分類することです。分類器は、あるクラスと他のクラスを区別できるようなラベルや確率などを生成して分類を行います。例えば、クラスが2つしかない場合、良い分類器は1つのクラスに対して大きな確率を生成し、別のクラスに対しては小さな確率を生成します。あるクラスと他のクラスの識別の境目は**決定面**（decision surface）と呼ばれます（図A-1）。

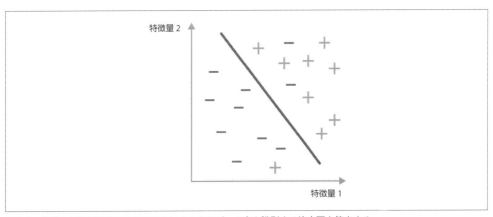

図A-1　単純な二値分類器が2つのクラスからなるデータ点を識別する決定面を算出する

　さまざまな種類の関数を分類器として使うことができますが、クラスをきれいに分けることができる最も単純な関数を探したほうが良いでしょう。その理由を説明します。まず第一に、複雑な分類器よりも単純でよく機能する分類器を見つけるほうが簡単です。また、単純な関数は学習データに対して**過剰適合**（overfitting）しにくいため、学習データとは別の新しいデータに対する当ては

まり度合い（汎化性能）が高くなる傾向にあります。単純なモデルでは、図A-1のように、いくつかの点を間違って分類してしまいます。このようにする理由は、学習データに対する精度を犠牲にしてでも、テストデータに対してより良い精度を達成する単純な決定面を構築するためなのです。複雑さを最小限に抑え有用性を最大限にするという原則は「オッカムの剃刀（Occam's razor）」と呼ばれ、科学と工学の世界において広く適用されます。

最も単純な関数は線形関数です。1つの入力変数を取る**線形関数**（linear function）は、馴染みある見慣れたものでしょう（**図A-2**）。

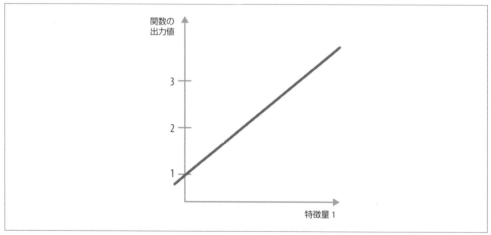

図A-2　1つの入力変数を取る線形関数

2つの入力変数を取る線形関数は、3次元空間における平面、または2次元空間での等高線として可視化できます（**図A-3**参照）。地図と同様に、等高線図の各線は同じ出力値を持つ入力空間内の点の集合を表します。

超平面（hyperplanes）と呼ばれる、より高次元の線形関数を可視化することは困難です。ただし、その代数的な関係式は簡単に表現できます。多次元線形関数は、入力 $x_1, x_2, \ldots, x_n$ の集合と、重みパラメータ $w_1, w_2, \ldots, w_n$ の集合を用いて以下のように書けます。

$$f_\mathbf{w}(x_1, x_1, \ldots, x_n) = w_0 + w_1 * x_1 + w_2 * x_2 + \cdots + w_n * x_n$$

ベクトルによる表記法を使用すると、より簡潔に書けます。

$$f_\mathbf{w}(\mathbf{x}) = \mathbf{x}^T \mathbf{w}$$

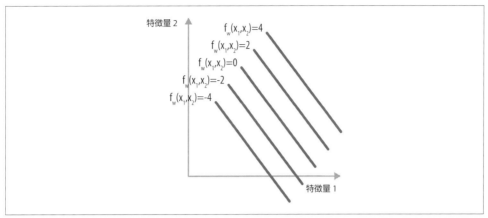

図A-3　2次元における線形関数の等高線図

　ここでは、よくある数学的な記法に従い、スカラを通常の文字、ベクトルを太字で表記します。ベクトル**x**には、切片項w_0の記述を簡単にするために、ベクトルの最初の要素として1が埋め込まれています。もしすべての入力特徴量が0であった場合には、関数の出力はw_0になります。このことから、w_0は**バイアス**（bias）や**切片項**（intercept term）と呼ばれます。

　「線形分類器を学習させる」ということは、「最も良くクラスを分割できる超平面を選ぶ」ことと等価です。更に数学的な問題として表現するならば、ベクトル空間内で何らかの意味で最良のベクトル**w**を見つける問題となります。各データ点にはターゲットラベルyが付随しているので、このターゲットラベルの値と同じ値になるような**w**を見つけることができます[†1]。

$$\mathbf{x}^T\mathbf{w} = y$$

　通常、データ点は多数あるので、ターゲットラベルの値に近しい予測を、すべてのデータに対して同時に行えるような**w**を求めます。

$$\boldsymbol{A}\mathbf{w} = \mathbf{y}$$

　ここで、$\boldsymbol{A}$は**データ行列**（data matrix）、統計学では**デザイン行列／計画行列**（design matrix）として知られている行列です。この行列$\boldsymbol{A}$にはデータが特定の形式（各行がデータ点、各列が特徴

[†1] 厳密言うと、ここで示している式は、線形分類ではなく線形回帰に相当します。その違いとは、回帰の場合、ターゲットが実数値をとるのに対し、分類の場合はターゲットが異なるクラスを表す整数値であるという点です。回帰問題は、非線形変換を通じて分類問題に変換することができます。例えば、ロジスティック回帰による分類器では、入力を線形変換し、ロジスティック関数という非線形変換に渡すことで分類器を構築します。このようなモデルは、一般化線形モデル（generalized linear models）と呼ばれ、その枠組みの中では線形関数が大いに活躍します。この例では分類について説明してはいますが、解析計算がとても簡単であるため、線形回帰の式を説明用の道具として用います。この例で培った直感は、一般化線形モデルの場合においても容易に適用できるでしょう。

量に対応）で含まれています（「特徴量が行でデータが列に対応する」のように転置された行列としている場合もあります）。

A.2　行列の解剖学

　上述した方程式を解くためには、線形代数学の基本的な知識が必要です。線形代数学を体系的に学び始めるためには、[Strang, 2006] を読むことを強くお勧めします。

　ここで示した方程式は、ある行列とあるベクトルを乗算すると何某かの結果が得られる、ということを述べています。行列は線形演算子とも呼ばれ、これは行列がある種の小さな「機械」であることをより強調した名前です。この機械は、ベクトルを入力として受け取り、いくつかの鍵となる演算を組み合わせて、また別なベクトルを作り出し、出力します。ここで、鍵となる演算とは、ベクトルの回転／伸縮／次元の増減です。この演算の組み合わせは、入力空間における形を操作するのに非常に役立ちます。

　例えば、図A-4に示すように、3×2行列は、2次元の正方形領域を3次元の菱形領域に変換することができます。これは、入力空間の各ベクトルを回転／伸縮させて、出力空間の新しいベクトルに変換していることに相当します。

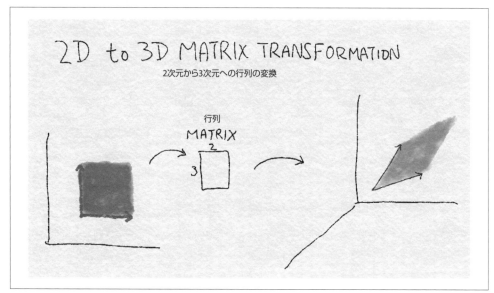

図A-4　2次元から3次元への行列の変換

A.2.1　ベクトルから部分空間へ

　線形演算子を理解するためには、線形演算子が入力をどのように出力へと変換するかを調べなけ

ればなりません。幸いにも、我々は一度に入力ベクトルの全ベクトル成分を分析する必要はありません。ベクトルは部分空間の元へと分解され、**線形演算子はその部分空間上に定義された関数としてベクトルを操作できるからです。**

部分空間は、ある2つの基準を満たすベクトルの集合です。1つめの基準は、部分空間にあるベクトルが含まれている場合は、原点とそのベクトルの点を通る直線に対応するすべてのベクトルもまた部分空間に含まれることです。2つめの基準は、部分空間に2つのベクトルが含まれるならば、それらの2つのベクトルの線形結合でできる全てのベクトルも部分空間に含まれることです。線形結合とは、ベクトルにスカラを掛けること、2つのベクトルを加算すること、という2種類の演算の組み合わせです。

部分空間の1つの重要な特性は**階数**（rank）や次元です。階数や次元は部分空間における自由度の大きさを表します。直線はランク1、2D平面はランク2に相当します。もし多次元空間における多次元の鳥がいると考えるならば、部分空間のランクは、この鳥が飛ぶことができる「独立」な方向の数を教えてくれます。ここでの「独立」とは「線形独立」を意味します。2つのベクトルがあったとき、片方のベクトルがもう片方のベクトルの定数倍でない場合、線形独立の関係にあります（つまり、ベクトルがまったく同じあるいは反対方向を指しているわけではないということです）。

部分空間は、**基底ベクトル**（basis vectors）の集合が張るベクトル空間（Span）として定義することができます（Spanは「あるベクトルの集合の元のすべての線形結合から成るベクトル空間」を意味する専門用語です）。あるベクトルの集合のすべての線形結合から作った新たなベクトルの集合であるSpanは、元のベクトルの集合のSpanと同じになります（そのように定義されているため）。したがって、ある基底ベクトルの集合が手元にある時には、その基底ベクトルに任意の非ゼロ定数を掛けたり、別の基底を得るためにベクトルを加算しても張られるベクトル空間は不変です。

部分空間を記述するためのよりわかりやすい基底ベクトルを定義するのは良い戦略でしょう。**正規直交基底**（orthonormal basis）は、単位長さ[†2]を持ち、お互いが直交するベクトルから成ります。直交性はまた別の専門用語です（すべての数学と科学においては、少なくとも50%は専門用語から成り立っています。もし私のことを信じていない場合は、この書籍に含まれる単語のbag-of-wordsを作ってカウントしてみるとよいでしょう！）。2つのベクトルは、その内積が0となる場合、互いに**直交**（orthogonal）しています。図形として考えると、直交するベクトルはお互いに90度の角度にあると考えることができます（これはユークリッド空間の場合には当てはまります。ユークリッド空間は物理的な3次元の現実世界に似ています）。複数の直交するベクトルを単位長さに正規化すると、空間に対して均一な物差しの集合になります。

言うならば部分空間はテントのようなもので、直交基底ベクトルはそのテントを支えるための棒（棒同士は90度の角度を成す）に相当するのです。ランクは直交基底ベクトルの総数に等しくなります。図A-5にこれらの概念を示します。

[†2] 訳注：ベクトルの長さがある単位（例：kg、cmなど）において1となること。

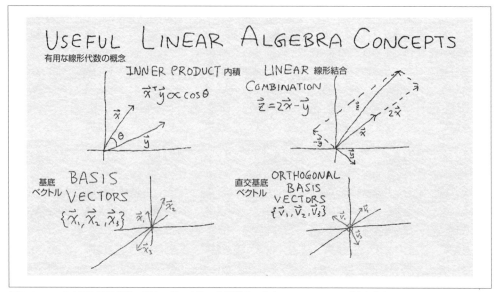

図A-5 4つの有用な線形代数の概念の例：内積、線形結合、基底ベクトル、および直交基底ベクトル

線形代数で使用される有用な定義

より数学的に物を考える人のために、これまでの説明をより正確な数学を用いて記述します。

スカラ

ある数値 c（本書においてはベクトルと対となり差別化される量）。

ベクトル

$$\mathbf{x} = (x_1, x_2, \ldots, x_n)$$

線形結合

$$a\mathbf{x} + b\mathbf{y} = (ax_1 + by_1, ax_2 + by_2, \ldots, ax_n + by_n)$$

ベクトルの集合 $\mathbf{v}_1, \ldots, \mathbf{v}_k$ の張る部分空間（Span）

$$\{\mathbf{u} = a_1\mathbf{v}_1 + \cdots + a_k\mathbf{v}_k |^\forall a_1, \ldots, a_k\}$$

線形独立

もしすべてのスカラ c に対して $\mathbf{x} \neq c\mathbf{y}$ ならば、ベクトル $\mathbf{x}$ と $\mathbf{y}$ は独立である。

内積

$$\langle \mathbf{x}, \mathbf{y} \rangle = x_1 y_1 + x_2 y_2 + \cdots + x_n y_n$$

直交ベクトル

$\langle \mathbf{x}, \mathbf{y} \rangle = 0$ ならば、ベクトル $\mathbf{x}$ と $\mathbf{y}$ は直交している。

部分空間

次の3つの条件を満たす、より大きなベクトル空間の部分集合。
1. ゼロベクトルを元として含む
2. ベクトル $\mathbf{v}$ が含まれる場合、すべての $c\mathbf{v}$（c はスカラ）を元として含む
3. ベクトル $\mathbf{u}, \mathbf{v}$ が含まれている場合、$\mathbf{u} + \mathbf{v}$ を元として含む

基底

部分空間を張るベクトルの集合。

直交基底ベクトル

基底ベクトル $\{\mathbf{v}_1, \mathbf{v}_2, \ldots, \mathbf{v}_d\}$ のうち $\langle \mathbf{v}_i, \mathbf{v}_j \rangle = 0, \forall i, j$ という条件を満たすもの。

部分空間のランク

部分空間を張っている線形独立な基底ベクトルの最小の数。

A.2.2 特異値分解（SVD）

　行列は入力ベクトルに対して線形変換を行います。線形変換は非常に簡単なものですが、その一方、制約もあります。行列は部分空間を無制限に操作できるわけではないのです。線形代数の最も魅力的な定理の1つが「正方行列がその行列要素に依らず適当なスケーリングを施すことであるベクトルの集合をそれぞれ同じベクトルへと写像できる」ということを証明しています[†3]。正方行列とは限らない一般の場合、すなわち矩形行列は、入力ベクトルの集合を対応する出力ベクトルの集合に写像します。矩形行列の**転置行列**（transposed matrix）は、先に変換した出力ベクトルを元の入力ベクトルへと戻します。数学の専門用語を使うと、正方行列は固有値／固有ベクトルを持っており、矩形行列は特異値／左特異ベクトル／右特異ベクトルを持っていることになります。

[†3] 訳注：数学的には、ある行列 A が与えられたときに $A\mathbf{x} = \lambda \mathbf{x}$ という関係式を満たすベクトル $\mathbf{x}$ とスカラ λ が存在します。

> ## 固有ベクトルと特異ベクトル
>
> A を $n \times n$ 行列としましょう。$A\mathbf{v} = \lambda\mathbf{v}$ となるベクトル $\mathbf{v}$ およびスカラ λ が存在する場合、$\mathbf{v}$ は**固有ベクトル**であり、λ は行列 A の**固有値**となります。
>
> A を矩形行列としましょう。もしベクトル $\mathbf{u}$ と $\mathbf{v}$、そしてスカラ σ があり、$A\mathbf{v} = \sigma\mathbf{u}$ と $A^T\mathbf{u} = \sigma\mathbf{v}$ を満たすならば、$\mathbf{u}$ は行列 A の**左特異ベクトル**、$\mathbf{v}$ は行列 A の**右特異ベクトル**であり、σ は行列 A の**特異値**です。

行列のSVDは次のようになります。

$$A = U\Sigma V$$

ここで、行列 U の列は出力空間の正規直交基底に、行列 V の列は入力空間の正規直交基底になります。Σ はその対角成分に特異値を含んでいる対角行列です。

幾何学的には、行列は以下の変換を順に行うことに相当します。

1. 入力ベクトルを、基底をなす右特異ベクトルで表現する。
2. 各右特異ベクトルの係数に相当する値を、対応する特異値で伸縮する。
3. 各左特異ベクトルに対応する1〜2で計算した値をかける。
4. 結果をまとめる。

図A-6に例を示します。行列とベクトルのかけ算操作は、図の右から左へと行われます。一番右側の機械が、（本来は高次元であろう）入力データを回転させて、低次元の空間に射影します。この図では、3次元のキューブであった入力が、回転された平らな正方形となります。次の機械は正方形を一方向に押しつぶす一方、また別の方向には引き伸ばします。その結果、正方形は長方形になります。最後に、左端の機械は再び矩形を回転させ、高次元の空間に射影します（しかし高次元空間に射影された出力は高次元全体に広がるのではなく平坦な矩形をしています）。

A が実行列である（すなわち、行列要素のすべてが実数値である）場合、すべての特異値および特異ベクトルが実数値になります。特異値は正、負、ゼロのいずれかの値を取ります。ある行列から計算されたの特異値を、その大きさの順に並べた集合は**スペクトル**（spectrum）と呼ばれ、行列の性質についてたくさんのことを明らかにします。特異値同士の差は、線形方程式の解がどのくらい安定しているかに影響し、また、絶対値をとった最大／最小特異値の比（**条件数**, condition number）は、反復ソルバーが解をどれくらい迅速に見つけることができるかに影響します。この特異値の差と比は、計算される解の質に顕著な影響を与えます。

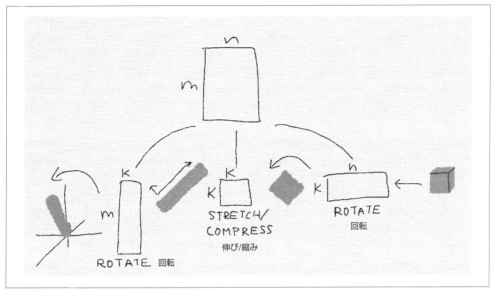

図A-6 3つの小さな機械に分解された行列：回転（rotate）、スケーリング（scale）、回転（rotate）

A.2.3　データ行列の4つの基本的な部分空間

行列を詳しく調べるためのもう1つの有用な方法は、4つの基本的な部分空間、すなわち列空間、行空間、零空間、および左零空間を使用することです。

これらの4つの部分空間は、AやA^Tを含む線形システムに対する解を完全に特徴付けます。

データ行列（行がデータ点で、列が特徴量となる矩形行列）の場合、4つの基本部分空間は、データおよび特徴量に関連させて理解することができます。

より詳細に見ていきましょう。

A.2.3.1　列空間

数学的な定義

重みベクトル$\mathbf{w}$を変えながら構成される、$\mathbf{s} = A\mathbf{w}$を満たす出力ベクトル$\mathbf{s}$の集合。

数学的な解釈

列のすべての可能な線形結合。

データの解釈

観測された特徴量を使用し、線形的に予測することができる結果のすべて。ベクトル$\mathbf{w}$には各特徴量の重みが含まれている。

基底

非ゼロ特異値に対応する左特異ベクトル（行列 U の列の部分集合）。

A.2.3.2　行空間

数学的な定義

重みベクトル $\mathbf{u}$ を変えながら構成される、$\mathbf{r} = \mathbf{u}^T A$ の集合を満たす出力ベクトル $\mathbf{r}$ の集合。

数学的な解釈

行のすべての可能な線形結合。

データの解釈

行空間内に存在するベクトルは、すでに手元にある既存のデータ点の線形結合として表現される。したがって、これは既存のデータ点の線形結合から成るという意味で「非新規」データが作る空間とも解釈できる。ベクトル $\mathbf{u}$ には、線形結合の際に乗算される各データ点の重みが含まれている。

基底

非ゼロ特異値に対応する右特異ベクトル（行列 V の列の部分集合）。

A.2.3.3　零空間

数学的な定義

$A\mathbf{w} = 0$ を満たす入力ベクトル $\mathbf{w}$ の集合。

数学的な解釈

A のすべての行に直交するベクトルの集合。零空間は行列 A によって $\mathbf{0}$ へと潰される。これは、$A\mathbf{w} = \mathbf{y}$ の解空間にいつでも足しこめる「飾り」のようなもの[†4]。

データの解釈

既存のデータ点の線形結合として表現できない「新しいデータ点」。

基底

ゼロ特異値に対応する右特異ベクトル（V の残りの列）。

[†4] 訳注：$A\mathbf{w} = \mathbf{y}$ の解を $\mathbf{w}_1$、零空間の基底の1つを例えば $\mathbf{w}_0$ とすると、$\mathbf{w}_1 + \mathbf{w}_0$ は、やはり A を作用させると $\mathbf{y}$ になるので解になります。その点について、あとから足せる零空間の基底、およびその線形結合が「飾り」の役割を果たしていると言えます。

A.2.3.4　左零空間

数学的な定義

$\mathbf{u}^T A = 0$ を満たす入力ベクトル $\mathbf{u}$ の集合。

数学的な解釈

A のすべての列に直交するベクトルの集合。左零空間は列空間と直交する。

データの解釈

既存の特徴量ベクトルの線形結合によって表現できない「新規の特徴量ベクトル」。

基底

ゼロ特異値に対応する左特異ベクトル（U の残りの列）。

列空間と行空間には、すでに手元にあるデータとデータが作る特徴量ベクトルを使って表現可能なベクトルが含まれています。列空間の特徴量ベクトルは、新規ではない特徴量ベクトルです。一方、行空間のベクトルは、新規ではないデータ点に対応します。

良いモデリングと予測モデルの構築のためには、データや特徴量が新規でないことは良いことです。完全な列空間とは、特徴量の集合が任意のターゲットベクトルをモデル化するのに十分な情報を含むことを意味します。完全な行空間とは、異なるデータ点が、特徴空間のすべての端点をカバーするほど十分散らばっていることを意味します。気を付けなければならないのは、零空間と左零空間にそれぞれ含まれている新規のデータ点と特徴量です。

あるデータの線形モデルを構築する場合には、零空間は「新規」データ点の部分空間とみなすことができます。データの新規性は、この文脈では良いことではありません。新規データ点は、学習用データセットによって線形に表現できないデータです。同様に、左零空間には、既存の特徴量の線形結合として表現できない新規特徴量が含まれています。

零空間は、行空間に直交します。なぜそうなるのかの理由は簡単にわかります。零空間の定義から、$\mathbf{w}$ は A 内のすべての行ベクトルと内積が 0 になる（直交する）ことが示されます。したがって、$\mathbf{w}$ はこれらの行ベクトルが張る空間、すなわち行空間と直交するのです。同様に、左零空間は列空間と直交します。

A.2.4　線形システムの解法

さて、ここまでお話してきた数学をすべて、線形分類器を学習させるという元の問題と結びつけてみましょう。線形分類器の学習は、線形システムを解くタスクと密接に関連しているのです。どう動作しているのかをリバースエンジニアリングして理解する必要があるため、行列の動作を詳しく見ていきましょう。

実際に観測されるデータから成るデータ行列 A によって出力ターゲット $\mathbf{y}$ に変換される入力重

みベクトル w を求めなければなりません[†5]。

　線形演算子から成る機械を逆方向に回転させてみましょう。もし、すでに行列 A の特異値分解（SVD）を得ているのならば、y を左特異値ベクトルである U の列に写像し、非ゼロの特異値の逆数を掛けることで伸縮を逆にし、最後に右特異ベクトル V の列へと写像します。ジャーン！ 簡単に元通りになりましたね？

　これは、実際には、行列 A の**擬似逆行列**（pseudo-inverse matrix）を計算する過程に対応します。ここで、正規直交基底の重要な性質、「転置行列が逆行列となる」を利用して計算しています。これが特異値分解がとても強力な理由です。実際には、線形システムのソルバーは SVD を使用しません。なぜなら計算コストがかなり高いからです。その他の方法として、QR 分解（http://bit.ly/2D51LU1）や LU 分解（http://bit.ly/2Fosjl6）、Cholesky 分解（http://bit.ly/2IbRlFQ）のような行列を分解するためのより高速な方法があります。

　ここで私たちは手短に説明するために、細かい部分をスキップしてしまいました。もし特異値がゼロの場合はどうなるでしょうか？ $\frac{1}{0} = \infty$ なので、0 の逆数をとることはできません。これが擬似逆行列と呼ばれる理由なのです（実際、逆行列は、矩形行列に対しては定義されてはいません。すべての固有値が非ゼロな正方行列だけが逆行列を持ちます）。特異値がゼロの場合、与えられた入力が何であれ、その次元は圧縮されてしまいます。したがって、その変換過程を逆に遡って元の入力を再現する方法はありません。

　さて、元の問題に戻り、より詳細な計算を見てみましょう。ここまで得てきた知識を動員し、この線形演算からなる機械の謎を解き明かせるか試してみましょう。まず、どうにか頑張って $A\mathbf{w} = \mathbf{y}$ の答えを 1 つ得たと仮定しましょう。この解は、今考えている y に対して「特」に適しているので、$\mathbf{w}_{特殊解}$ と呼びましょう。更に行列 A との積がゼロになるような入力ベクトルが多数あるとします。そこから 1 つベクトルを取ってそれを $\mathbf{w}_{潰され解}$ と呼びましょう[†6]。ここで、$\mathbf{w}_{潰され解}$ に $\mathbf{w}_{特殊解}$ を加えるとどうなるでしょうか？

$$A(\mathbf{w}_{潰され解} + \mathbf{w}_{特殊解}) = y$$

　ご覧あれ！ これもまた解になっているのです。一般には、行列 A をかけてゼロになってしまう入力をある特殊解に加算すると、別の解を得ることができるのです。一般解は次のようになり

[†5] 実際には、話はもう少し複雑です。y は A の列空間に属さず、したがって、この方程式の解はないかもしれません。このような状況を諦めてしまうかわりに、統計的機械学習を用いて近似的な解を探しましょう。まず、解の品質を定量化する損失関数を定義します。もし解が厳密なものであれば、損失は 0 になります。小さなエラー（損失）、大きなエラー（損失）などがあり得ます。学習過程では、この損失関数を最小にするような最良のパラメータを探します。通常の線形回帰では、損失関数は 2 乗残差と呼ばれ、基本的に y を A の列空間の最も近い点に写像するような関数です。ロジスティック回帰では対数（log）損失を最小化します。ここで紹介した 2 つのケース、さらには一般に線形なモデルにおいても、線形システム $A\mathbf{w} = \mathbf{y}$ は重要になってきます。したがって、ここで行っている分析は非常に重要なのです。

[†6] 訳注：原著では $A\mathbf{w}$ が最終的に 0 へと「潰されて」しまうその悲しさとその音（wah wah, クイズ番組の不正解時にしばしば鳴る音）をかけて sad-trumpet という名前になっています。ここでは単純に解が 0 へと「潰されて」しまう意味を込めて、潰され解と呼称しました。

ます。

$$\mathbf{w}_{\text{一般解}} = \mathbf{w}_{\text{特殊解}} + \mathbf{w}_{\text{斉次解}}$$

ここで$\mathbf{w}_{\text{特殊解}}$は$A\mathbf{w} = \mathbf{y}$を満たす解の1つです。この解は存在するときもあればない場合もあるでしょう。もし存在しない場合には、与えられた系は近似的にだけ解くことができます。もし存在する場合には、$\mathbf{y}$は行列Aの列空間に属します。列空間とは行列Aの列の線形結合によって構築されるベクトルの集合です。

また、$\mathbf{w}_{\text{斉次解}}$は$A\mathbf{w} = \mathbf{0}$の解です（$\mathbf{w}_{\text{潰され解}}$をより一般化したものが$\mathbf{w}_{\text{斉次解}}$です[†7]）。ここまでの説明で、これについてはすでによくわかっていることでしょう。すべての$\mathbf{w}_{\text{斉次解}}$の集合は、Aの零空間を形成します。これは、特異値が0となる右特異ベクトルが張るベクトル空間です。

「零空間」という名前は、実在をなくしたベクトルの悲惨な終着点のような意味合いに聞こえます。もし零空間が零ベクトル以外の要素を含んでいる場合、方程式$A\mathbf{w} = \mathbf{y}$には無限個の解が存在します。解が多すぎるということ自体は悪いことではありません。場合によっては、そこからどの解を選んでもうまくいくこともあるでしょう。しかし、もし可能な解がたくさんある場合、分類問題を解くために役立つ多くの特徴量があることを意味します。その代わり、何が本当に重要であるかを理解することは難しくなります。

大きな零空間の問題を修正する1つの方法は、制約を追加してモデルを**正則化**（regularization）することです。

$$A\mathbf{w} = \mathbf{y}$$

ここで$\mathbf{w}$は拘束条件$\mathbf{w}^T\mathbf{w} = c$を満たすようなベクトルです。

この正則化は、重みベクトル$\mathbf{w}$が特定のノルム値cを取るよう制約を加えます。正則化の強さは、正則化パラメータによって制御されます。正規化パラメータはデータに対するテストを繰り返して調整する必要があります。

一般的に、**特徴量選択**（feature selection）とは、計算負荷を軽減し、冗長な特徴量がもたらす混乱を減らし、そして、モデルの解を一意に近づけるために、特徴量を取捨選択することを指します。この内容は本書「2.6 特徴選択」にて詳説しています。

別の問題は、データ行列のスペクトルの「不均一さ」です。線形分類器を学習させるときには、扱っている線形システムに対して一般的な解が存在するかだけではなく、それを容易に見つけることができるかどうかにも注意すべきです。通常、学習過程では損失関数の勾配を計算し、その勾配に沿う方向に系の特徴的な長さに比べて小さなステップサイズで下り坂を下っていくタイプのソルバを使用します。いくつかの特異値が非常に大きく、他の値がゼロに非常に近い場合、真の解を見つけるためにソルバは、より長い特異ベクトル（大きな特異値に対応する特異ベクトル）付近では

[†7] 訳注：より正確には、$\mathbf{w}_{\text{斉次解}}$は基本解と呼ばれるものの1つに相当します。

慎重に坂を下っていく必要があり、また、短い特異ベクトルの周りでより多くのステップを費やす必要があります。スペクトルのこの「不均一さ」は、行列の条件数によって計測されます。これは基本的には特異値の絶対値ベースでの最大値と最小値の比です。

　要約すると、解が一意に定まり、簡単に見つけられるような良い線形モデルが存在するためには、以下の条件が必要です。

1. 分類問題のターゲットとなるラベルのベクトルが、特徴量の部分集合（列ベクトル）の線形結合によってよく近似することができる。さらに、その特徴量の部分集合は線形独立でなければならない。
2. 零空間を小さくするためには、行空間を大きくする必要がある（これは、零空間と行空間という2つの部分区間が直交しているため）。データ点（行ベクトル）の集合の線形独立性が高いほど、零空間が小さくなる。
3. 解を見つけやすくするために、データ行列の条件数—すなわち最大特異値と最小特異値との比は小さくなっている必要がある。

A.3　参考文献

- Strang, Gilbert. "Linear Algebra and Its Applications. 4th ed." Boston, MA: Cengage Learning, 2006. 訳書『線形代数とその応用』（ギルバート・ストラング，産業図書，1978）

索 引

A・B・C

AlexNet ································ 143, 154–157
ASCII（≠ Unicode）···························· 54
Bag-of-Documents 表現 ······················ 45
Bag-of-n-Grams ··························· 46–48
Bag-of-Phrases ································ 169
Bag-of-Words ···············xiii, 42–45, 63–77
　〜のスケーリング ···························· 67
Bag-of-X ··· 42
Box-Cox 変換 ···································· 25
Brown クラスタリング ························ xiii
Cholesky 分解 ································· 190

D・E・F

DataFrame（Pandas）················· 169, 172
Effect コーディング ·······················83–85
ETL ··· 2

G・H・I

GBT ·· 125
GoogLeNet ···································· 143
GPU ······································· 144, 154
Hadoop クラスタ ································ 2
HOG ······································ xiii, 135
HTML タグ ······································ 53

IDF ·· 63

J・K・L

Jupyter Notebook ······························ xii
k-means ······················ xiii, 5–12, 115–131
　注意事項 ···································· 128
　〜クラスタリング ·······················5, 12
　〜によるクラス分類 ················ 122–128
　〜による特徴量生成 ························ 122
　〜を適用できない ·························· 130
Kaggle ··· v
kNN ·· 5
k 近傍法 ·· 125
LDA ··· xiii
LU 分解 ·· 190
l^2 正規化 ······························32, 67, 76
l^2 ノルム ·· 32

M・N・O

Matplotlib ······································ xii
Matrix Factorization ························ xiii
Min-Max スケーリング ······················· 30
MNIST データセット ························· 106
NLTK パッケージ（Python）············52, 57
NumPy ···································· xii, 169
　〜sparse array ······························ 169

n グラム ································· xiii, 46, 53–60
n 次元空間 ································· 44
One-Hot エンコーディング ········· 80–82, 90
Online News Popularity データセット ····· 18–21

P・Q・R

Pandas ································ xii, 15, 169–172
　～DataFrame ···························· 169, 172
PCA（主成分分析） ················ xiii, 99–114
　ユースケース ······························ 111–113
　～の限界 ······································· 109
　～への批判 ···································· 110
Porter Stemmer ································ 52
Python ·· xii–192
QR 分解 ·· 190
Random Projection ····························· xiii
RBF カーネル ······································· 5
Rectified Linear Unit（ReLU）変換 ········ 150
RF ··· 125
ROC 曲線 ··· 127
R^2 スコア ······································· 20

S・T・U

scikit-learn ··· xii
Seaborn ·· xii
SIFT ································· xiii, 135, 142
spaCy ·· 57
sparse array ····································· 169
SVD ································· 102, 185–190
SVM ·· 125
tanh 関数 ··· 150
TextBlob ·· 57
TF ··· 63
TF-IDF ····························· 42, 63–77, 111
The Echo Nest Taste Profile データセット ···· 9
Unicode（≠ ASCII） ··························· 54

V–Z

word2vec ···································· xiii, 54
XGBoost ··· v

Yelp データセット ······························ 11
ZCA ·· 108, 112

あ行

アイテムベース ······························ 159–161
値 ··· 5
　～の範囲 ·· 5
異常検出 ·· 111
　時系列の～ ······································ 111
位置情報 ·· 5
色情報 ·· 134
因子分析 ·· 112
インターネットトラフィック ················ 111
ウェブサイトの訪問回数 ··························· 5
エンコーディング ····························· 80–90
　One-Hot～ ······························ 80–82, 90
　カテゴリ変数の～ ··························· 80–85
　～方法の長所と短所 ··························· 84
応答 ······································· 146, 151–153
　～関数 ··· 146
　～正規化層 ································ 151–153
オッズ比 ··· 90
重み付け ·· 63–77

か行

回帰 ··································· 30, 68, 129
　線形～ ·· 30
　ロジスティック～ ·············· 30, 68, 129
階級幅 ··· 13
階数 ··· 183
ガウシアンフィルタ ··························· 148
カウント ······························· 9–16, 96
　発散する～ ····································· 96
　～データ ··································· 9–16
　～の正規化 ···································· 96
価格 ·· 5
　商品の～ ·· 5
過学習 ·· 76
学習 ···························· 4–37, 68–76, 115
　過～ ·· 76
　多様体～ ······································ 115

| ~過程 4
| ~時間 37
| ~データ 68
| ~の収束速度 76
学術論文レコメンドアルゴリズム 159–177
確率プロット 27
可視化 24, 33, 44
| データ分布の~ 33
| データ~ 24
| ベクトル空間の~ 44
過剰適合 179
仮説検定 55
画像 .... xi, 135–145
| 猫の~ 137
| ~記述子 135
| ~勾配 135, 139, 145
| ~データ xi
画像特徴量 133–158
| 手動による抽出 135
活性化関数 150
カテゴリ 93
| レアな~ 93
カテゴリ変数 79–98
| 膨大なカテゴリ数を持つ~ 85–89
| ~のエンコーディング 80–85
株価データ 2
株式収益率 112
関連語の探索 174
機械学習 v–192
| 計算量 129
| コンペティション v
| ~パイプライン 1–4
| ~モデルの複雑さ 129
疑似逆行列 190
基底 185
基底ベクトル 183–185
| 直交~ 185
帰無仮説 56
逆文書頻度（IDF） 63–65
行空間 187–192
教師なし 117
偽陽性率 127
協調フィルタリング 159–161, 168

行列 74, 181–190
| 疑似逆~ 190
| 矩形~ 185
| 計画~ 181
| スパース~ 75
| 正方~ 185
| 単語文書~ 74
| データ~ 74, 181
| デザイン~ 181
| 転置~ 185
近傍（画像） 141
区切り文字 53
矩形行列 185
組み込み法 38
クラス 66, 125
| ~不均衡データ 66
| ~分類 66, 125
クラスタリング 116
クリーニング .... xi, 161–167
| データ~ xi
クリック率（広告） 90
グリッドサーチ 70
クロスバリデーション 20, 71, 73
計画行列 181
経験分散 103
欠損値 176
決定木 6
決定面 179
言語情報 133
語彙 42, 79
交互作用特徴量 6, 35–37
| ペアワイズ~ 35
交通量 5
勾配ブースティング木 6, 125
勾配方向ヒストグラム 139–142
コーパス 49, 79
| 特定の~ 49
| 文書~ 79
語幹処理 52
固定幅による離散化 13
言葉の最小単位 53–60
固有値 185
固有ベクトル 185

コロケーション ·· 53–60
　　〜抽出 ·· 53–60

さ行

最小カウントスケッチ ··· 94
差分プライバシー ·· 95
サポートベクターマシン ···································· 125
参照カテゴリ ·· 81
シェア数 ··· 18
視覚 ·· 133
シグモイド関数 ··· 68, 150
時系列の異常検出 ·· 111
次元 ··· 99–114
　　本質的な〜 ·· 99
　　〜削減 ·· 99–114
指数関数（≠対数関数） ······································· 16
主成分分析 ·· xiii, 99–114
出現頻度（TF）·· 63
条件数 ·· 186
条件付き確率 ·· 89
衝突（ハッシュ） ·· 86
商品の価格 ··· 5
深層学習 ·· 133–158
　　画像特徴量の学習 ·· 143
真陽性率 ·· 127
信頼区間 ·· 21
スイスロール ··· 115, 120
数式 ··· 3
数値データ ··· 5–39
数理モデル ·· 3
スカラ ··· 7, 184
スケーリング ··· 29–35, 63–77
　　Bag-of-Wordsの〜 ······································· 67
　　Min-Max〜 ··· 30
　　特徴量〜 ····························· 30, 33–35, 63–77
　　分散〜 ·· 31
スケール ·· 5
スタッキング ··· 115–131
ステップ関数 ··· 6
ステミング ··· 52
ストップワード ·· 48
スパース行列 ·· 75

スパースデータ ·· 31
スペクトル ·· 110, 186
正規 ·· 6, 183
　　〜直交基底 ·· 183
　　〜分布 ·· 6
正規化 ··· xi–6, 29–35, 141
　　画像 ··· 141
　　〜定数 ·· 33
正則化 ·· 70–74, 191
正方行列 ·· 185
切片項（＝バイアス） ······································· 181
ゼロ位相成分分析 ······································· 108, 112
線形 ······························ 6–35, 102–127, 179–192
　　〜演算子 ··· 182
　　〜回帰 ·· 30
　　〜回帰モデル ·· 6
　　〜関数 ··· 180
　　〜結合 ··· 184
　　〜システムの解法 ······································ 189
　　〜射影 ··· 102
　　〜代数 ··· 179–192
　　〜独立 ··· 184
　　〜分類器 ··· 127
　　〜モデリング ···································· 179–192
　　〜モデル ··· 35
全結合層 ·· 144
センサーの測定値 ·· 5
潜在空間モデル ··· xiii

た行

ターゲット変数 ·· 35
ターゲティング広告 ··· 85
対数関数（≠指数関数） ······································· 16
対数変換 ······································· 6, 16–29, 64
対立仮説 ·· 56
タスク ·· 1
畳み込み ·· 145–149
　　〜層 ·· 145
　　〜の直感的理解 ··· 147
　　〜フィルタ ·· 147–149
ダミーコーディング ······································ 81–83
多様体 ··· 115

| 〜学習 | 115 |

単語 ……………………………… 42–63, 74, 87
   意味のある〜 ……………………………… 63
   レアな〜 ……………………………… 50
   〜除去 ……………………………… 46
   〜特徴量 ……………………………… 87
   〜の出現回数 ……………………………… 42
   〜文書行列 ……………………………… 74
   〜への分解 ……………………………… 45
チャンク化 ……………………………… 57–60
チューニング ……………………………… 69–74
   モデルの〜 ……………………………… 69–74
聴覚 ……………………………… 133
超平面 ……………………………… 180
直交 ……………………………… 183–185
   〜基底ベクトル ……………………………… 185
   〜ベクトル ……………………………… 185
ツイート ……………………………… 52
データ ……………………………… vii–192
   カウント〜 ……………………………… 9–16
   画像〜 ……………………………… xi
   欠損 ……………………………… 3
   最小値, 最大値 ……………………………… 5
   冗長な〜 ……………………………… 3
   数値〜 ……………………………… 5–39
   スパース〜 ……………………………… 31
   テキスト〜 ……………………………… xi
   生〜 ……………………………… 3
   間違った〜 ……………………………… 3
   〜インポート ……………………………… 161–167
   〜可視化 ……………………………… 24
   〜行列 ……………………………… 74, 181
   〜空間 ……………………………… 8, 33, 45
   〜クリーニング ……………………………… xi, 161–167
   〜サイエンティスト ……………………………… vii
   〜の前処理 ……………………………… vii
   〜分析 ……………………………… 2
   〜分布の可視化 ……………………………… 33
   〜ベクトル ……………………………… 45
   〜モデル ……………………………… 1–4
   〜リーク ……………………………… 94, 130
データ型 ……………………………… 169
   効率的な〜 ……………………………… 169

データセット ……………………………… 9–21, 106
   MNIST〜 ……………………………… 106
   Online News Popularity〜 ……………………………… 18–21
   The Echo Nest Taste Profile〜 ……………………………… 9
   Yelp〜 ……………………………… 11
手書き数値データ ……………………………… 106
テキスト ……………………………… xi–xiii, 41–68, 133
   〜データ ……………………………… xi, 41–61, 68
   〜特徴量化モデル ……………………………… xiii
   〜の解析 ……………………………… 41
   〜の順序構造 ……………………………… 46
   〜分析 ……………………………… 133
デザイン行列 ……………………………… 181
転置行列 ……………………………… 185
動径基底関数カーネル ……………………………… 125
統計的自然言語処理 ……………………………… 55
統計的ファクタモデル ……………………………… 112
トークン ……………………………… 46, 53
   〜化 ……………………………… 46, 53
   〜の数 ……………………………… 46
特異値 ……………………………… 102, 185–190
   〜分解 ……………………………… 102, 185–190
特徴 ……………………………… 6–39, 46, 162
   〜空間 ……………………………… 8, 33
   〜選択 ……………………………… 6, 37–39, 46
   〜配列 ……………………………… 162
   〜ベクトル ……………………………… 8
特徴量 ……………………………… v–192
   k-meansによる〜 ……………………………… 122
   画像〜 ……………………………… 133–158
   作成の自動化 ……………………………… 133–158
   冗長な〜 ……………………………… 100
   非線形〜 ……………………………… 115–131
   密なクラスタ〜 ……………………………… 128
   〜エンジニアリング ……………………………… v–192
   〜スケーリング ……………………………… 30, 33–35, 63–77
   〜選択 ……………………………… 191
   〜の圧縮 ……………………………… 85
   〜の解析 ……………………………… 161–167
   〜のノイズ ……………………………… 49
   〜の変換 ……………………………… 105
   〜ハッシング ……………………………… xiii, 85–89
トライグラム ……………………………… 57

トラフィック（インターネット） ………… 111

な行

ナイーブベイズ分類器 ……………………… 89
内積 ………………………………………… 185
二項分布 …………………………………… 56
二値化（カウントデータ） ………………… 9–11
ニュース記事 ……………………………… 18
ニューラルネットワーク ………………… 143
人気度 ……………………………………… 18
年齢層 ……………………………………… 35
ノイズ（特徴量） ………………………… 49
ノルム …………………………………… 32–34
　　ユークリッド〜 ……………………… 32

は行

パース ……………………………………… 53
　〜処理 …………………………………… 53
バイアス（＝切片項） …………………… 181
バイグラム …………………………… 46, 56
ハイパーパラメータ ………… 70–73, 109, 127
白色化 …………………………………… 108
箱ひげ図 …………………………………… 71
バックオフ ………………………………… 93
発散するカウント ………………………… 96
ハッシュ関数 ……………………………… 86
　一様な〜 ………………………………… 86
非順序データ ……………………………… 79
ヒストグラム ………………… 10–28, 139–142
　勾配方向〜 ………………………… 139–142
非線形 ………………………………… 115–131
　〜埋め込み …………………………… 115
　〜次元削減 …………………………… 115
　〜特徴量 …………………………… 115–131
　〜分類器 ……………………………… 127
左特異ベクトル ………………………… 185
左零空間 …………………………… 187–189
標準化 ……………………………………… 31
ビンカウンティング ………… xiii, 79, 85–96
頻出単語の除去 …………………………… 49
フィルタ法 ………………………… 38, 46

フーリエ解析 …………………………… xiii
プーリング層 …………………………… 153
不正検出 …………………………………… 85
部分空間 ………………… 182, 185, 187–189
　〜のランク …………………………… 185
フルランク ………………………………… 75
フレーズ ………………………… xiii, 53–60
　〜検出 …………………………… xiii, 54
分位数 ………………………………… 14, 27
　〜による離散化 ………………………… 14
分解 ……………………………………… 45
　単語への〜 ……………………………… 45
分散 …………………………… 20–24, 31, 103
　〜安定化変換 …………………………… 24
　〜スケーリング ………………………… 31
文書 ………………………………… 52, 79
　短い〜 …………………………………… 52
　〜コーパス ……………………………… 79
分類器 …………………………………… 127
　線形〜 ………………………………… 127
　非線形〜 ……………………………… 127
ペアワイズ交互作用特徴量 ……………… 35
平均（統計学） …………………………… 24
平方根変換 ………………………………… 25
べき変換 …………………………… 6, 24–29
ベクトル …………………… 7–44, 119, 184
　特徴〜 …………………………………… 8
　〜量子化 ……………………………… 119
ベクトル空間 ……………………… 7, 44
　〜の可視化 ……………………………… 44
ポアソン分布 ……………………………… 24
訪問回数 …………………………………… 5
　ウェブサイトの〜 ……………………… 5
ボクセル ………………………………… 150
ボラティリティ ………………………… 112
本質的な次元 ……………………………… 99

ま行

前処理 ………………………………… vii, 161
　データの〜 ……………………………… vii
右特異ベクトル ………………………… 185
密なクラスタ特徴量 …………………… 128

迷惑メールフィルタリング	88		ランク落ち	75
メトリック	117		ランダム特徴量	xiii
モデリング	xi		ランダムフォレスト	6, 125
モデル	1–6, 69–74, 122–128		リーク	94, 130
データ〜	1–4		データ〜	94, 130
〜スタッキング	6, 122, 128		離散化	11–16
〜のチューニング	69–74		固定幅による〜	13
〜評価	4		リサンプリング	71
			レア	50, 93

や行

ユークリッド	5–32, 117, 183
〜距離	5, 117
〜空間	183
〜ノルム	32
尤度	55–57
〜関数	56
〜比検定	55
郵便番号	35
予測モデル	v

〜なカテゴリ	93
〜な単語	50
零空間	187–192
レコメンドエンジン	9, 159–177
列空間	187
劣決定	70
レビュー件数	5, 11, 22
連続的な数値	79
ロジスティック回帰	30, 68, 129

ら行

ラッパー法	38

わ行

ワークフロー	2

● 著者紹介

Alice Zheng（アリス・チャン）
機械学習、スパニングアルゴリズム、プラットフォーム開発の技術リーダー。現在、Amazon Advertisingにおいてサイエンス研究マネージャーをしている。それ以前は、GraphLab/Dato/Turiでのツールキット開発とユーザー教育に携わり、Microsoft Researchでは機械学習の研究者だった。UC Berkeley大学で電気工学およびコンピュータサイエンスの博士号、また数学の学士号を取得している。

Amanda Casari（アマンダ・カサリ）
次世代の技術を探求し、その影響を実証しているエンジニア。Concur Labsの上級プロダクトマネージャーおよびデータサイエンティストであり、SAP ConcurにおけるConcur Labs AI Researchチームの共同設立者でもある。過去16年間にわたり、データサイエンス、機械学習、ロボティクスなど幅広いエンジニアリング分野に携わってきた。米海軍アカデミーで制御システム工学の学士号と、Vermont大学の電気工学の修士号を取得している。

● 訳者紹介

株式会社ホクソエム
機械学習とデータ分析を使って、みんなが笑って暮らせる社会を作ることを目的としてリブートした分散型人工知能リーディングイノベーションカンパニー。社員の技術力の高さには定評があり、執筆、翻訳、技術顧問、受託分析、研究開発、セミナーを主なサービスとしている。『Rプログラミング本格入門』（共立出版）監訳、『前処理大全』（技術評論社）監修。会社ホームページ：https://hoxo-m.com

牧山幸史（まきやま こうじ）
株式会社ホクソエム代表取締役社長兼ヤフー株式会社データサイエンス業務に従事。情報処理学会ビッグデータ解析のビジネス実務利活用研究グループ運営委員会運営委員。共同翻訳書に『みんなのR』（マイナビ）、『Rによる自動データ収集』（共立出版）がある。息子のキータを溺愛する毎日。

早川敦士（はやかわ あつし）
株式会社ホクソエム執行役員兼株式会社FORCAS（ユーザベースグループ）。電気通信大学大学院総合情報学専攻を卒業後、株式会社リクルートコミュニケーションズを経て現在に至る。在学中に『データサイエンティスト養成読本』（技術評論社）を共著にて執筆し、後にその改訂2版および『データサイエンティスト養成読本 登竜門編』（技術評論社）を出版。国内最大級のR言語コミュニティであるJapan.R主催。もっと日本のRユーザーを増やしたいと日々奮闘している。Email：gepuro@gmail.com

本橋智光（もとはし ともみつ）
株式会社ホクソエム執行役員兼サスメド株式会社CTO。現在の役職に加え、量子アニーリングコンピュータの検証に、個人事業主として従事している。現職前は、SIerの研究員、Web系企業のデータ分析者。データ基盤屋として働いていたが、とある顧客に捕まり、ロジスティック回帰しか知らない状態で強制的に分析者をやらされる。以降、多様な業種のデータ分析案件を経験。情報処理学会ビッグデータ解析のビジネス実務利活用研究グループ運営委員会運営委員。KDD CUP2015 2nd Prize、『前処理大全』（技術評論社）執筆。一攫千金を夢見てコードを書き続け、稼いだ行く末に医療と教育の高度化および無償化の実現を夢見る。Twitter：@tomomoto_LV3

高柳慎一（たかやなぎ しんいち）
株式会社ホクソエム常務取締役兼 LINE 株式会社 Data Labs。北海道大学大学院理学研究科修士課程修了。総合研究大学院大学複合科学研究科博士課程 4 年（統計数理研究所）。材料科学系財団法人、金融技術系株式会社、リクルート系企業を経て現職。岩波データサイエンス編集員。情報処理学会ビッグデータ解析のビジネス実務利活用研究グループ運営委員会幹事。翻訳書に『R 言語徹底解説』（共立出版）、『みんなの R』（マイナビ）、『R による自動データ収集』（共立出版）など多数。社長の息子キータ君の足長おじさんになりたい今日この頃。Twitter：@_stakaya

松浦健太郎（まつうら けんたろう）
株式会社ホクソエム技術顧問。東京大学大学院総合文化研究科広域科学専攻修士課程修了。現在は製薬会社にて臨床試験のデザインに従事。著書に『岩波データサイエンス vol.1』（共著 , 岩波書店）、『Stan と R でベイズ統計モデリング』（共立出版）がある。より良いモデリングを目指して、日々求道。

市川太祐（いちかわ だいすけ）
株式会社ホクソエム兼サスメド株式会社。東京大学医学系研究科医学博士課程修了。医師、博士（医学）。専門は臨床情報工学。現在はサスメド株式会社にてデジタル医療の研究開発業務に従事。情報処理学会ビッグデータ解析のビジネス実務利活用研究グループ運営委員会運営委員。著書／訳書に『R 言語徹底解説』（共立出版）、『データサイエンティスト養成読本 R 活用編』（技術評論社）、『データ分析プロジェクトの手引』（共立出版 ）、『R プログラミング本格入門』（共立出版）など多数。能管（能の笛）を探している。家族・親戚・知人に蔵をお持ちの方、ご紹介いただきたい。Email：ichikawadaisuke@gmail.com

江口哲史（えぐち あきふみ）
株式会社ホクソエム顧問兼千葉大学予防医学センター助教。愛媛大学理工学研究科博士後期課程修了。専門は環境分析化学。日本学術振興会特別研究員などを経て現職。著書に『自然科学研究のための R 入門―再現可能なレポート執筆実践』（共立出版）がある。書籍執筆は一段落したが安眠できる日は遠い。

瓜生真也（うりゅう しんや）
株式会社ホクソエム兼国立環境研究所。横浜国立大学環境情報学府修士課程修了。ホクソエムのブロガー枠。現職では空間解析や、行政アンケートデータのテキスト分析、自然風景画像を用いた機械学習モデルの開発を行う。共著書に『R によるスクレイピング入門』（C&R 研究所）など。空間解析とそこに潜むバイアスに想いを寄せる日々。Twitter：@u_ribo

● 表紙の説明

　表紙の動物は、ファラオワシミミズク（学名：Bubo ascalaphus）。この鳥は、北アフリカとアラビア半島の岩が多い乾燥した場所に生息している。ワシミミズク属には大きなフクロウ種がいくつか含まれるが、これは全長約 18 インチと小さい。ほとんどのワシミミズクは、特徴的な耳たぶを持っている。

　ファラオワシミミズクは夜行性であり、小さな哺乳動物、ヘビ、トカゲ、鳥、さらには昆虫を食べる。高い位置から獲物をねらい、すばやく襲いかかる。そのために、優れた聴覚と、静かな飛行のための羽根、鋭い爪を持っている。約 270 度の範囲で頭を回すことができ、あまり体を動かさずに自分の背後を見ることができる。

　白い羽毛の中に茶色と黒色が斑状にあり、オレンジ色の瞳を持っている。ファラオフクロウは人生の伴侶として知られている。巣は、岩の間や井戸のような人工の構造物の隙間に作られ、エジプトのピラミッドでも見ることができる。

機械学習のための特徴量エンジニアリング
——その原理とPythonによる実践

2019年2月25日　初版第1刷発行
2019年4月19日　初版第3刷発行

著　　　者　Alice Zheng（アリス・チャン）、Amanda Casari（アマンダ・カサリ）
訳　　　者　株式会社ホクソエム
発　行　人　ティム・オライリー
編 集 協 力　株式会社ドキュメントシステム
Ｄ　Ｔ　Ｐ　株式会社トップスタジオ
印刷・製本　株式会社平河工業社
発　行　所　株式会社オライリー・ジャパン
　　　　　　〒160-0002　東京都新宿区四谷坂町12番22号
　　　　　　Tel　(03)3356-5227
　　　　　　Fax　(03)3356-5263
　　　　　　電子メール　japan@oreilly.co.jp
発　売　元　株式会社オーム社
　　　　　　〒101-8460　東京都千代田区神田錦町3-1
　　　　　　Tel　(03)3233-0641（代表）
　　　　　　Fax　(03)3233-3440

Printed in Japan（ISBN978-4-87311-868-0）
乱丁、落丁の際はお取り替えいたします。

本書は著作権上の保護を受けています。本書の一部あるいは全部について、株式会社オライリー・ジャパンから文書による許諾を得ずに、いかなる方法においても無断で複写、複製することは禁じられています。

Startguide of CAD Software application

はじめての歯科用CAD

exocadを用いた操作・設計ガイド

古澤清己 著

医歯薬出版株式会社
https://www.ishiyaku.co.jp/

This book is originally published in Japanese
under the title of :

HAJIMETENO SHIKAYOUKYADO EKUSOKYADOWOMOCHIITASOUSA・SEKKEIGAIDO
(Startguide of CAD Software for Dental application)

Author :
KIYOMI, Furusawa

© 2018 1st ed.

ISHIYAKU PUBLISHERS, INC.
  7-10, Honkomagome 1 chome, Bunkyo-ku,
  Tokyo 113-8612, Japan